T0129724

essentials

essentials liefern aktuelles Wissen in konzentrierter Form. Die Essenz dessen, worauf es als „State-of-the-Art" in der gegenwärtigen Fachdiskussion oder in der Praxis ankommt. *essentials* informieren schnell, unkompliziert und verständlich

- als Einführung in ein aktuelles Thema aus Ihrem Fachgebiet
- als Einstieg in ein für Sie noch unbekanntes Themenfeld
- als Einblick, um zum Thema mitreden zu können

Die Bücher in elektronischer und gedruckter Form bringen das Fachwissen von Springerautor*innen kompakt zur Darstellung. Sie sind besonders für die Nutzung als eBook auf Tablet-PCs, eBook-Readern und Smartphones geeignet. *essentials* sind Wissensbausteine aus den Wirtschafts-, Sozial- und Geisteswissenschaften, aus Technik und Naturwissenschaften sowie aus Medizin, Psychologie und Gesundheitsberufen. Von renommierten Autor*innen aller Springer-Verlagsmarken.

Weitere Bände in der Reihe http://www.springer.com/series/13088

Markus Kalisch · Lukas Meier

Logistische Regression

Eine anwendungsorientierte
Einführung mit R

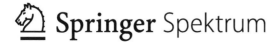

Markus Kalisch
Seminar für Statistik
ETH Zürich
Zürich, Schweiz

Lukas Meier
Seminar für Statistik
ETH Zürich
Zürich, Schweiz

ISSN 2197-6708 ISSN 2197-6716 (electronic)
essentials
ISBN 978-3-658-34224-1 ISBN 978-3-658-34225-8 (eBook)
https://doi.org/10.1007/978-3-658-34225-8

Die Deutsche Nationalbibliothek verzeichnet diese Publikation in der Deutschen Nationalbibliografie; detaillierte bibliografische Daten sind im Internet über http://dnb.d-nb.de abrufbar.

Planung/Lektorat: Iris Ruhmann
Springer Spektrum ist ein Imprint der eingetragenen Gesellschaft Springer Fachmedien Wiesbaden GmbH und ist ein Teil von Springer Nature.
Die Anschrift der Gesellschaft ist: Abraham-Lincoln-Str. 46, 65189 Wiesbaden, Germany

Was Sie in diesem *essential* finden können

- Kompakte Erklärung der logistischen Regression
- Praxisnahe Interpretation der Modellparameter
- Einfache Umsetzung mit der Statistiksoftware R
- Korrekte Formulierung der Ergebnisse
- Typische Fehler und Lösungsmöglichkeiten

Für Claudia, Annika, Simon und Elin
Für Jeannine, Andrin, Silvan und Dario

Vorwort

Dieses Buch gibt eine Einführung in das Thema der logistischen Regression, welche eine der Standardmethoden ist, um binäre Zielgrößen zu modellieren. Ausgehend von Vorwissen eines Einführungskurses in Wahrscheinlichkeitsrechnung und Statistik sowie linearer Regression (siehe z. B. Fahrmeir et al. 2016 oder Meier 2020) wird die logistische Regression so eingeführt, dass später auch sogenannte verallgemeinerte lineare Modelle einfach verstanden werden können.

Der Fokus liegt stets auf einem intuitiven Verständnis des Stoffes und einer korrekten Interpretation der Resultate. Die Theorie wird jeweils mit Beispielen illustriert sowie in der Software R umgesetzt, wobei der entsprechende Output ausführlich diskutiert wird, damit eine spätere Umsetzung in der Praxis einfach gelingt. Minimales Vorwissen in der Software R wird vorausgesetzt (zum Einarbeiten oder Nachschlagen eignet sich z. B. Wollschläger 2016).

Für Verbesserungsvorschläge bedanken wir uns bei Christof Bigler und Oliver Sander. Ein großer Dank geht auch an Iris Ruhmann vom Springer Verlag für die angenehme Zusammenarbeit.

Unter

https://stat.ethz.ch/~meier/teaching/book-logreg/

findet man die R-Skripts, Datensätze, weiterführendes Material sowie die Möglichkeit, allfällige Fehler zu melden.

Zürich   Markus Kalisch
März 2021   Lukas Meier

Inhaltsverzeichnis

Einleitung 1

Wir beginnen mit einem kleinen einführenden Beispiel: Bei einer Krankheit stellt sich heraus, dass sich ein bestimmter Blutwert bei kranken und gesunden Personen unterscheidet. Während die meisten gesunden Personen einen tiefen Wert haben, ist dieser Wert bei kranken Personen typischerweise erhöht. Ein bedeutender Schritt in der Diagnose der Krankheit ist gelungen, wenn ein Zusammenhang zwischen dem Auftreten der Krankheit und diesem Blutwert modelliert werden kann. Solche sogenannten diagnostischen Tests können zum Teil Krankheiten vor Auftreten von Symptomen erkennen und somit zur Eindämmung der Krankheit beitragen. Ein möglicher Datensatz ist in Abb. 1.1 dargestellt.

Fragestellungen wie diese sind weit verbreitet:

- Wie hängt der Ausfall einer Maschine von Umweltbedingungen ab?
- Welche Maßnahmen führen dazu, dass ein Kunde zu einem teureren Produkt wechselt?
- Wie kann das Auftreten von Nebenwirkungen durch die Dosis eines Medikaments modelliert werden?
- Wie kann das Bestehen einer Schulprüfung durch die Lernzeit erklärt werden?

All diese Fragestellungen haben eine Gemeinsamkeit: Wie kann eine **binäre Zielgröße** (z. B. krank oder gesund) durch eine oder mehrere erklärende Variablen (z. B. Blutwerte, Geschlecht, usw.) modelliert werden?

Eine solche Modellierung verfolgt häufig zwei Ziele: Einerseits möchte man **Zusammenhänge verstehen und quantifizieren:** „Wie verändert sich die Wahrscheinlichkeit für Nebenwirkungen, wenn die Dosis eines Medikaments um eine Einheit erhöht wird?" Andererseits möchte man präzise **Vorhersagen** machen können: „Wie groß ist die Wahrscheinlichkeit, dass eine Maschine bei gewissen Umweltbedingungen ausfällt? Wie zuverlässig ist diese Vorhersage?"

© Der/die Autor(en) 2021
M. Kalisch und L. Meier, *Logistische Regression,* essentials,
https://doi.org/10.1007/978-3-658-34225-8_1

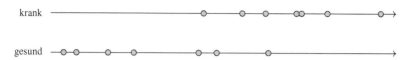

Abb. 1.1 Illustration eines fiktiven Datensatzes. Eingetragen sind die jeweiligen Blutwerte von 7 kranken und 7 gesunden Patienten auf dem jeweiligen Zahlenstrahl der Messgröße.

Ein erster Versuch der Modellierung könnte die lineare Regression sein. Die lineare Regression verlangt eine kontinuierliche Zielgröße, allerdings haben obige Fragestellungen eine binäre Zielgröße (z. B. krank oder gesund). Die binäre Zielgröße könnte man daher numerisch codieren, z. B. „0" für krank und „1" für gesund. Technisch ist dieses Vorgehen zwar möglich, aber die Interpretation der Ergebnisse ist schwierig: Können modellierte Werte zwischen 0 und 1 als Wahrscheinlichkeiten interpretiert werden? Wie interpretiert man negative Werte oder Werte größer als 1? Die lineare Regression ist für solche Fragestellungen also nicht gut geeignet. Es ist ein besseres, passenderes Modell nötig: die logistische Regression.

Dieses *essential* bietet einen verständlichen Zugang zur logistischen Regression. Zunächst werden in Kap. 2 mit dem Begriff der Odds die theoretischen Grundlagen gelegt. Anschliessend wird in Kap. 3 das Modell der logistischen Regression auf den Skalen der Log-Odds, der Odds und der Wahrscheinlichkeit entwickelt. Die einfache Umsetzung mit der Statistiksoftware R wird in Kap. 4 an Beispielen illustriert. Der Fokus liegt dabei stets auf einer korrekten Interpretation der Modellparameter und der richtigen Formulierung in der Praxis. Nach einem Ausblick zur Klassifikation in Kap. 5 schliesst das Buch in Kap. 6 mit einer Diskussion von häufigen Problemen in der Praxis und zeigt Lösungsansätze auf.

Aspekte des Wahrscheinlichkeitsbegriffs 2

Aussagen wie „Die Chancen stehen 4:1, dass es morgen regnet" oder „Die Chancen sind 50:50, dass Du in diesem Spiel gewinnst" sind im Alltag häufig anzutreffen und sagen implizit etwas über die zugrunde liegende Wahrscheinlichkeit der entsprechenden Ereignisse aus. Was solche Aussagen mathematisch präzise bedeuten, schauen wir uns nun in diesem Kapitel genau an, weil es von großer Bedeutung für das Verständnis der logistischen Regression ist.

2.1 Der Begriff der Odds

Für ein Ereignis A (z. B. $A =$ „Morgen regnet es") bezeichnen wir mit $\mathbb{P}(A)$ die entsprechende Wahrscheinlichkeit und mit A^c das entsprechende Komplementär- oder Gegenereignis („nicht A"). Sobald man eine Wahrscheinlichkeit hat, kann man die sogenannten *Odds* definieren (wir verwenden typischerweise das englische Wort „Odds" statt „Chance").

Definition: Odds (Chance)
Die **Odds** (Chance) eines Ereignisses A bezeichnen wir mit odds (A), wobei[a]

$$\text{odds}\,(A) = \frac{\mathbb{P}(A)}{\mathbb{P}\,(A^c)} = \frac{\mathbb{P}(A)}{1 - \mathbb{P}(A)} \in [0, \infty).$$

© Der/die Autor(en) 2021   3
M. Kalisch und L. Meier, *Logistische Regression,* essentials,
https://doi.org/10.1007/978-3-658-34225-8_2

Die Zahl odds (A) gibt uns also an, wievielmal wahrscheinlicher das Eintreten von A verglichen mit dem Nicht-Eintreten von A ist.

Bemerkung: odds (A) ist nur definiert für $\mathbb{P}(A) < 1$.

---

[a]Bei der Beschreibung eines Intervalls verwenden wir eine eckige Klammer, wenn der Endpunkt zum Intervall gehört und eine runde Klammer, wenn der Endpunkt nicht zum Intervall gehört.

Wenn man von einem Ereignis A den Wert von odds (A) kennt, dann kennt man automatisch auch $\mathbb{P}(A)$, denn es gilt

$$\mathbb{P}(A) = \frac{\text{odds}\,(A)}{1 + \text{odds}\,(A)}.$$

Dieser Zusammenhang ist in Abb. 2.1 (unten) dargestellt. Oder anders ausgedrückt: In den Odds steckt gleich viel Information wie in den Wahrscheinlichkeiten, einfach auf einer anderen Skala. Während eine Wahrscheinlichkeit auf dem Intervall $[0,1]$ „lebt", ist dies bei Odds die Menge aller reellen Zahlen größer gleich Null.

Beispiel: Regen

Die Wahrscheinlichkeit, dass es morgen regnet (Ereignis A) ist $\mathbb{P}(A) = 0.8$. Die Odds, dass es morgen regnet, also odds (A), sind gemäß Formel

$$\text{odds}\,(A) = \frac{0.8}{1 - 0.8} = \frac{0.8}{0.2} = 4.$$

Regen ist also viermal so wahrscheinlich wie kein Regen. Umgekehrt kann man aus den Odds die Wahrscheinlichkeit ausrechnen:

$$\mathbb{P}(A) = \frac{\text{odds}\,(A)}{1 + \text{odds}\,(A)} = \frac{4}{1 + 4} = 0.8$$

◄

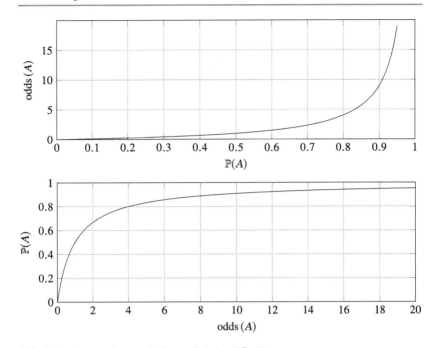

Abb. 2.1 Zusammenhang zwischen odds (A) und $\mathbb{P}(A)$

Für die Modellierung in Kap. 3 wird es nützlich sein, einen Wert zu haben, der sich auf den *ganzen* reellen Zahlen (d. h. nicht nur auf der positiven Halbachse) abspielt. Dies erreicht man, indem man die Odds geeignet transformiert. Wenn man dabei die (natürliche) Logarithmus-Funktion verwendet, spricht man von sogenannten *Log-Odds*.

Definition: Log-Odds

Die **Log-Odds** eines Ereignisses A bezeichnen wir mit log-odds(A), wobei

$$\text{log-odds}(A) = \log(\text{odds}\,(A)),$$

d. h.

$$\text{odds}\,(A) = \exp(\text{log-odds}(A)).$$

Bemerkung: log-odds(A) ist nur definiert für odds $(A) > 0$.

Beispiel: Regen (Fortsetzung)

Die Log-Odds, dass es morgen regnet, sind log-odds(A) = $\log(4) \approx 1.386$. Umgekehrt können wir aus den Log-Odds die Odds

$$\text{odds}\,(A) = \exp(\text{log-odds}(A)) = \exp(1.386) \approx 4$$

und daraus die Wahrscheinlichkeit $\mathbb{P}(A)$ berechnen. Dies führt zur Formel

$$\mathbb{P}(A) = \frac{\exp(\text{log-odds}(A))}{1 + \exp(\text{log-odds}(A))} = 0.8.$$

◄

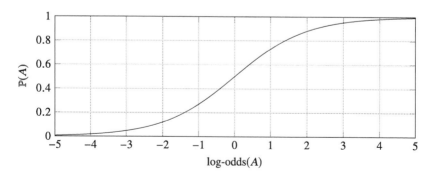

Abb. 2.2 Zusammenhang zwischen log-odds(A) und $\mathbb{P}(A)$

Der Zusammenhang zwischen log-odds(A) und $\mathbb{P}(A)$ ist in Abb. 2.2 dargestellt. Wie alle bis jetzt gelernten Größen zusammenhängen und welche Eigenschaften diese haben, fassen wir folgendermaßen zusammen:

Intuition: Wahrscheinlichkeiten, Odds und Log-Odds
Die wichtigsten Zusammenhänge und Merkregeln:
- Wahrscheinlichkeit, Odds und Log-Odds eines Ereignisses sind **redundant:** Wenn man eine der Größen kennt, kann man die anderen beiden Größen damit berechnen. Der einzige Unterschied besteht darin, auf welcher **Skala** sich die Information befindet:

$$0 \leq \mathbb{P}(A) \leq 1$$
$$0 \leq \text{odds}\,(A) < \infty$$
$$-\infty < \text{log-odds}(A) < \infty$$

- Änderungen gehen in die **gleiche Richtung:** Wenn man eine der drei Werte größer (bzw. kleiner) macht, werden die anderen beiden auch größer (bzw. kleiner). Zum Beispiel „Je größer die Odds, desto größer die Wahrscheinlichkeit".
- Für **seltene Ereignisse** (z. B. $\mathbb{P}(A) \leq 0.05$) liefern Odds und Wahrscheinlichkeit in etwa die gleichen Zahlenwerte, d.h. $\text{odds}\,(A) \approx \mathbb{P}(A)$. So gilt z. B. für $\mathbb{P}(A) = 0.05$, dass $\text{odds}\,(A) \approx 0.0526$.
- Später **nützliche Faustregeln** für Log-Odds sind:

log-odds(A)	-3	-2	-1	0	1	2	3
$\mathbb{P}(A)$	5 %	10 %	25 %	50 %	75 %	90 %	95 %

Bemerkung: Die Wahrscheinlichkeiten wurden hier jeweils auf 5 % gerundet.

Im Zusammenhang mit weiteren Ereignissen werden Odds auch mit bedingten Wahrscheinlichkeiten verwendet. Für die bedingte Wahrscheinlichkeit von A gegeben B schreiben wir $\mathbb{P}(A \mid B)$. Die bedingte Wahrscheinlichkeit gegeben B ist nichts anderes als eine Wahrscheinlichkeit für die Situation, bei der wir wissen, dass B schon eingetreten ist. Die Odds von A gegeben B sind dann definiert als

$$\text{odds}\,(A \mid B) = \frac{\mathbb{P}(A \mid B)}{\mathbb{P}(A^c \mid B)} = \frac{\mathbb{P}(A \mid B)}{1 - \mathbb{P}(A \mid B)}.$$

Man verwendet einfach die „normale" Definition mit den entsprechenden bedingten Wahrscheinlichkeiten.

2.2 Vergleich von Wahrscheinlichkeiten und Odds

Eine Betrachtung mit bedingten Wahrscheinlichkeiten ist insbesondere dann nützlich, wenn man verschiedene Situationen miteinander vergleichen will. Wir könnten z. B. die Wahrscheinlichkeit (oder die Odds) betrachten für das Ereignis $A = $ „Morgen regnet es" für die zwei Situationen $B = $ „Wetterprognose kündet Regen an" und $C = $ „Wetterprognose kündet Bewölkung aber keinen Regen an". Oder aus dem medizinischen Bereich: Wie ändert sich die Wahrscheinlichkeit (oder die Odds) für Lungenkrebs (Ereignis A), wenn wir Raucher (B) mit Nichtrauchern (C) vergleichen?

Eine Möglichkeit für einen solchen Vergleich besteht darin, direkt die entsprechenden bedingten Wahrscheinlichkeiten zu betrachten. Dies führt zum sogenannten **relativen Risiko** (auf Englisch **Risk-Ratio**), abgekürzt mit RR, welches durch das Verhältnis der bedingten Wahrscheinlichkeiten gegeben ist (die Wahrscheinlichkeit für ein solches nachteiliges Ereignis nennt man auch „Risiko"). Formell schreiben wir dies als

$$\text{RR}(A \mid B \text{ vs. } C) = \frac{\mathbb{P}(A \mid B)}{\mathbb{P}(A \mid C)}$$

oder im Beispiel

$$\text{RR}(\text{Lungenkrebs} \mid \text{Raucher vs. Nichtraucher}) = \frac{\mathbb{P}(\text{Lungenkrebs} \mid \text{Raucher})}{\mathbb{P}(\text{Lungenkrebs} \mid \text{Nichtraucher})}.$$

Das relative Risiko gibt uns hier direkt an, wievielmal wahrscheinlicher es in der Gruppe „Raucher" ist, an Lungenkrebs zu erkranken, verglichen mit der Gruppe „Nichtraucher". Neben dem relativen Risiko ist auch das **absolute Risiko** (d. h. die bedingte Wahrscheinlichkeit $\mathbb{P}$(Lungenkrebs|Raucher)) von Bedeutung: Ein sehr großes relatives Risiko muss nicht zwangsläufig „bedrohlich" sein, wenn das absolute Risiko immer noch für den Alltag bedeutungslos ist.

Beispiel: Relatives und absolutes Risiko

Zwei Medikamente A und B kommen für eine Behandlung in Frage. Die Wahrscheinlichkeit für eine bestimmte Nebenwirkung ist bei Medikament A gleich 0.0001 und bei Medikament B gleich 0.001. Die Wahrscheinlichkeit für die Nebenwirkung ist also bei Medikament B zehnmal so groß wie bei Medikament A. Das **relative Risiko** ist 10 und somit scheint Medikament B deutlich gefährlicher als Medikament A. Allerdings ist das **absolute Risiko** bei Medikament B immer noch sehr klein. Je nach anderen Vorzügen dieses Medikaments könnte es daher dennoch zur Anwendung kommen. ◀

Anstelle von bedingten Wahrscheinlichkeiten können wir auch die entsprechenden Odds miteinander vergleichen. Im Beispiel würden wir also odds (Lungenkrebs|Raucher) mit odds (Lungenkrebs|Nichtraucher) vergleichen. Wenn wir das entsprechende Verhältnis betrachten, führt dies zum sogenannten *Odds-Ratio*.

Definition: Odds-Ratio

Das **Odds-Ratio** (auch: Chancenverhältnis oder relative Chancen) $OR(A \mid B \text{ vs. } C)$ ist definiert als das Verhältnis von $\text{odds}(A \mid B)$ zu $\text{odds}(A \mid C)$, d. h.

$$OR(A \mid B \text{ vs. } C) = \frac{\text{odds}(A \mid B)}{\text{odds}(A \mid C)} \quad \left(= \frac{\mathbb{P}(A \mid B)}{\mathbb{P}(A \mid C)} \cdot \frac{1 - \mathbb{P}(A \mid C)}{1 - \mathbb{P}(A \mid B)} \right).$$

Weil die Odds schon selber ein Verhältnis sind, bezeichnet man das Odds-Ratio auch als **Doppelverhältnis.**

Beispiel: Wirksamkeit eines Medikaments für zwei Patientengruppen

Wir schauen uns ein Medikament an und das Ereignis A = „Patient geheilt" für die beiden Gruppen B = „Standardpatient" und C = „Patient mit Zusatzerkrankungen". Es seien

$$\mathbb{P}(A \mid B) = 0.9 \text{ bzw. } \mathbb{P}(A \mid C) = 0.5.$$

Für das relative Risiko gilt

$$RR(A \mid B \text{ vs. } C) = \frac{\mathbb{P}(A \mid B)}{\mathbb{P}(A \mid C)} = \frac{0.9}{0.5} = 1.8.$$

Die (bedingte) Wahrscheinlichkeit, geheilt zu werden, ist also bei Standardpatienten 1.8-mal so groß wie bei Patienten mit Zusatzerkrankungen.

Auf der Skala der Odds haben wir odds $(A \mid B) = 9$ und odds $(A \mid C) = 1$, was zu einem Odds-Ratio von

$$OR(A \mid B \text{ vs. } C) = \frac{\text{odds } (A \mid B)}{\text{odds } (A \mid C)} = \frac{9}{1} = 9$$

führt. Die Odds, geheilt zu werden, sind also bei den Standardpatienten 9-Mal so groß wie bei den Patienten mit Zusatzerkrankungen.

◄

Bei all diesen Vergleichen ist es wichtig, dass diese im Alltag richtig interpretiert werden. Ein typischer Fehler besteht z. B. darin, das Odds-Ratio und das Risk-Ratio zu verwechseln. Die Interpretation ist für das Odds-Ratio zu Beginn sicher am schwierigsten. Wie wir später in Kap. 3 sehen werden, hat das Odds-Ratio diverse Vorteile und taucht später bei der logistischen Regression „ganz natürlich" auf.

Die wichtigsten Merkregeln schreiben wir daher jetzt schon auf:

Intuition: Merkregeln Odds-Ratio
Für das Odds-Ratio nützliche Merkregeln:

$OR(A \mid B \text{ vs. } C) = 1$ Es gibt *keinen* Unterschied zwischen den Odds von A wenn man die Situationen B und C vergleicht (und damit ist auch die Wahrscheinlichkeit von A gleich).

$OR(A \mid B \text{ vs. } C) > 1$ Die Odds von A sind in der Situation B *erhöht* verglichen mit C (und damit auch die Wahrscheinlichkeit von A).

$OR(A \mid B \text{ vs. } C) < 1$ Die Odds von A sind in der Situation B *reduziert* verglichen mit C (und damit auch die Wahrscheinlichkeit von A).

Das logistische Regressionsmodell

3

Die logistische Regression und die lineare Regression haben eine Gemeinsamkeit: Beide versuchen eine Zielgröße durch erklärende Variablen zu modellieren. Wie und auf welcher „Stufe" dies passiert, schauen wir uns in diesem Kapitel an. Wir wiederholen zuerst die **lineare Regression.** Im Folgenden gehen wir der Einfachheit halber von nur *einer* erklärenden Variable aus. Genau gleich wie ein einfaches lineares Regressionsmodell mit nur einer erklärenden Variablen zu einem multiplen linearen Regressionsmodell erweitert werden kann, ist dies auch bei der logistischen Regression möglich.

3.1 Lineare Regression unter einem neuen Blickwinkel

Das lineare Regressionsmodell für die Daten (x_i, y_i), $i = 1, \ldots, n$ wird typischerweise geschrieben als

$$Y_i = \beta_0 + \beta_1 \cdot x_i + E_i, \quad i = 1, \ldots, n, \tag{3.1}$$

wobei E_i unabhängige normalverteilte Fehler sind, d. h. E_i i. i. d. $\sim \mathcal{N}\left(0, \sigma^2\right)$. Wir verwenden die englische Abkürzung i. i. d. für „independent and identically distributed". Die Annahme der Unabhängigkeit bedeutet konkret, dass die Fehler der einzelnen Beobachtungen nichts miteinander zu tun haben (also dass z. B. kein zeitlicher, räumlicher oder sonstiger Zusammenhang zwischen den Fehlern vorhanden ist etc.).

© Der/die Autor(en) 2021
M. Kalisch und L. Meier, *Logistische Regression*, essentials,
https://doi.org/10.1007/978-3-658-34225-8_3

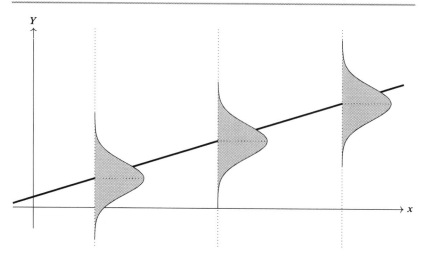

Abb. 3.1 Illustration des datengenerierenden Prozesses bei der einfachen linearen Regression. Für drei verschiedene Werte der erklärenden Variable x ist die entsprechende Verteilung der Zielgröße Y dargestellt. Die Gerade $\beta_0 + \beta_1 x$ ist als durchgezogene Linie eingezeichnet. Die Darstellung basiert auf Meier (2020).

Wenn wir Gl. (3.1) analysieren, können wir folgende Eigenschaft ablesen: An jeder Stelle x_i streut Y_i gemäß einer Normalverteilung um den Wert $\beta_0 + \beta_1 \cdot x_i$ herum, was wir auch als

$$Y_i \sim \mathcal{N}\left(\beta_0 + \beta_1 \cdot x_i, \sigma^2\right)$$

schreiben können (siehe Abb. 3.1). Wir sehen insbesondere, dass die erklärende Variable nur den Erwartungswert dieser Normalverteilung beeinflusst, und zwar durch den Zusammenhang

$$\mathbb{E}\left(Y_i\right) = \beta_0 + \beta_1 \cdot x_i.$$

Diese Denkweise erlaubt uns, das lineare Regressionsmodell als „zweistufiges" Modell zu interpretieren. Die zwei Stufen sind:

1. Verteilung der Zielvariable festlegen
2. Geeignete Parameter obiger Verteilung durch erklärende Variable beschreiben

Als Parameter wird dabei in der Regel der Erwartungswert verwendet. Verglichen mit der „direkten" Schreibweise in Gl. (3.1) erscheint dieses Vorgehen vielleicht auf den ersten Blick als ein unnötiger Abstraktionsschritt. Es erlaubt aber später eine einfache Erweiterung auf Fälle, bei denen die Normalverteilung nicht mehr angebracht ist. Wir fassen dies nochmals als „neue" Definition für das lineare Regressionsmodell zusammen.

Definition: Lineare Regression als zweistufiges Modell
Das lineare Regressionsmodell kann folgendermaßen als zweistufiges Modell hingeschrieben werden:

1. Verteilung der Zielvariable festlegen:

$$Y \sim \mathcal{N}\left(\mu(x), \sigma^2\right)$$

2. Erwartungswert obiger Verteilung durch erklärende Variable beschreiben:

$$\mu(x) = \beta_0 + \beta_1 \cdot x$$

Für konkret vorliegende Daten (x_i, y_i), $i = 1, \ldots, n$ gehen wir davon aus, dass die Werte y_i jeweils *unabhängige* Realisierungen von obiger Normalverteilung sind.

Obwohl Y von x abhängt, lassen wir diese Abhängigkeit zu Gunsten einer einfachen Notation weg. D. h., wir schreiben bei obigem ersten Punkt jeweils auf der linken Seite nicht $Y(x)$ oder $Y \mid x$, sondern lediglich Y.

Wir fassen nochmals in Worten zusammen:

Der erste Teil legt fest, dass die Beobachtungen Y von einer Normalverteilung stammen. Diese Normalverteilung hat zwei Parameter: Erwartungswert μ und Varianz σ^2. Durch die Notation $\mu(x)$ drücken wir aus, dass der Erwartungswert μ von der erklärenden Variable x abhängt. Der zweite Parameter, die Varianz σ^2, wird als konstant angenommen.

Im zweiten Teil legen wir fest, wie der funktionelle Zusammenhang zwischen dem Erwartungswert $\mu(x)$ und der erklärenden Variable x sein soll. Hier gibt es sehr viele Möglichkeiten, aber wir beschränken uns auf eine Funktion, die in den Parametern β_0 und β_1 linear ist. Diese Funktion nennt man auch **linearer Prädiktor**. Der Begriff „linear" bezieht sich dabei auf β_0 und β_1 (d. h., wenn man nach β_0 oder β_1 ableitet, verschwindet der entsprechende Parameter) und *nicht* auf die erklärende Variable x. D. h., wir könnten die erklärende Variable x auch durch x^2 oder $\log(x)$

ersetzen und hätten immer noch eine lineare Regression vor uns. Später verwenden wir für den linearen Prädiktor oft den griechischen Buchstaben η, d. h., für die i-te Beobachtung haben wir dann $\eta_i = \beta_0 + \beta_1 x_i$, bzw. etwas allgemeiner eine Funktion von x: $\eta(x) = \beta_0 + \beta_1 x$.

Ein typischer Fehler besteht übrigens darin, im zweiten Teil des zweistufigen Modells einen Fehlerterm hinzuzufügen. Der Fehlerterm ist auf den ersten Blick „verschwunden". Natürlich ist er immer noch da, denn er ist der Grund für die Normalverteilung im ersten Teil des zweistufigen Modells.

3.2 Logistische Regression als zweistufiges Modell

Die logistische Regression folgt dem gleichen zweistufigen Prinzip. Das Ziel besteht darin, eine binäre Zielgröße $Y \in \{0,1\}$ zu modellieren. Y kann also nur die beiden Werte 0 oder 1 annehmen, die für die beiden möglichen Zustände der Zielgröße stehen (z. B. 0: „krank" und 1: „gesund"). Als Verteilung dafür bietet sich die **Bernoulli-Verteilung** an, die nur einen Parameter, die **Erfolgswahrscheinlichkeit** $p \in [0,1]$ besitzt. Es ist $p = \mathbb{P}\,(Y = 1)$, d. h.

$$Y = \begin{cases} 1 & \text{Wahrscheinlichkeit } p \\ 0 & \text{Wahrscheinlichkeit } 1 - p. \end{cases}$$

Bemerkung: Direkt verwandt mit der Bernoulli-Verteilung ist die **Binomialverteilung**. Die Binomialverteilung modelliert die Anzahl der Erfolge bei n unabhängigen Bernoulli-Verteilungen („Experimente") mit Erfolgswahrscheinlichkeit p. Wir schreiben hierzu Bin (n, p). In diesem Sinne kann die Bernoulli-Verteilung auch als Binomialverteilung mit $n = 1$ interpretiert werden.

Die Idee besteht nun darin, die Erfolgswahrscheinlichkeit p als Funktion der erklärenden Variable x zu modellieren, d. h.

$$Y \sim \text{Bernoulli}\,(p(x))\,.$$

Verglichen mit der linearen Regression tritt die Erfolgswahrscheinlichkeit der Bernoulli-Verteilung also an die Stelle des Erwartungswerts der Normalverteilung. Dem mathematisch versierten Leser ist aber vielleicht schon aufgefallen, dass wir eigentlich immer noch den Erwartungswert betrachten, denn es gilt $\mathbb{E}\,(Y) = p(x)$.

Bemerkungen: (i) Obwohl Y von x abhängt, lassen wir diese Abhängigkeit wie schon bei der linearen Regression zu Gunsten einer einfacheren Notation weg. *(ii)*

Man kann $p(x)$ auch als bedingte Wahrscheinlichkeit interpretieren: $p(x)$ beschreibt die Wahrscheinlichkeit für das Ereignis $Y = 1$ unter der Annahme, dass die erklärende Variable X den konkreten Wert x annimmt, d. h. $p(x) = \mathbb{P}\,(Y = 1 \mid X = x)$. Um die logistische Regression als zweistufiges Modell zu schreiben fehlt nur noch der funktionale Zusammenhang zwischen der Erfolgswahrscheinlichkeit $p(x)$ und der erklärenden Variable x. Naheliegend wäre der gleiche Ansatz wie bei der linearen Regression: Die Gewinnwahrscheinlichkeit wird als lineare Funktion der erklärenden Variable (linearer Prädiktor) modelliert, d. h. $p(x) = \beta_0 + \beta_1 \cdot x$. Allerdings stoßen wir dabei auf ein Problem: Je nach Wert der erklärenden Variable x kann der lineare Prädiktor $\eta = \eta(x) = \beta_0 + \beta_1 \cdot x$ eine beliebige Zahl sein. Die Erfolgswahrscheinlichkeit muss allerdings im Intervall $[0, 1]$ liegen!

Dieses Problem können wir lösen, indem wir den linearen Prädiktor so transformieren, dass das Ergebnis für beliebige Werte von x immer im gewünschten Intervall $[0, 1]$ liegt. Eine solche Transformation haben wir schon einmal gesehen, nämlich in Abb. 2.2. Diese Funktion hat einen eigenen Namen, es handelt sich um die sogenannte **logistische Funktion**. Formell ist sie gegeben durch

$$h(\eta) = \frac{e^{\eta}}{1 + e^{\eta}}, \eta \in \mathbb{R}.$$

Die Funktion h ist (nochmals!) in Abb. 3.2 dargestellt. Wie man in Abb. 3.2 erahnen, bzw. auch formell herleiten kann, gilt

$$\lim_{\eta \to -\infty} h(\eta) = 0$$

$$\lim_{\eta \to \infty} h(\eta) = 1$$

$$h(0) = 0.5.$$

Wir erhalten so

$$\mathbb{P}\,(Y = 1 \mid X = x) = p(x) = h(\eta(x)) = h(\beta_0 + \beta_1 \cdot x)$$

$$= \frac{\exp(\beta_0 + \beta_1 \cdot x)}{1 + \exp(\beta_0 + \beta_1 \cdot x)} \in [0, 1].$$

Dies sieht auf den ersten Blick vielleicht etwas kompliziert aus, sorgt aber dafür, dass für beliebige Werte von x immer ein Wert zwischen 0 und 1 für die modellierte Wahrscheinlichkeit resultiert.

Üblicherweise formt man diesen Zusammenhang so um, dass auf der rechten Seite wieder der lineare Prädiktor steht, also so, wie wir es von der linearen Regres-

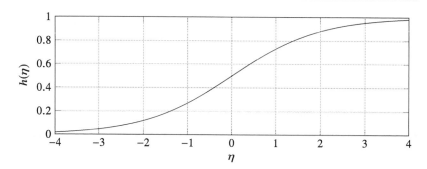

Abb. 3.2 Darstellung der logistischen Funktion auf dem Bereich $-4 \leq \eta \leq 4$

sion kennen. Das führt zu folgendem Zusammenhang:

$$\log\left(\frac{\mathbb{P}\,(Y=1\mid X=x)}{1-\mathbb{P}\,(Y=1\mid X=x)}\right) = \log\left(\frac{p(x)}{1-p(x)}\right) = \beta_0 + \beta_1 \cdot x = \eta(x)$$

Erkennen Sie den Ausdruck auf der linken Seite wieder? Es sind die Log-Odds, die wir in Abschn. 2.1 behandelt haben. Die Log-Odds transformieren also die Erfolgswahrscheinlichkeit so, dass man sie ohne technische Probleme direkt mit dem linearen Prädiktor modellieren kann. Allgemein nennt man eine Funktion g, die einen technisch sinnvollen Zusammenhang zwischen Erwartungswert (hier: Erfolgswahrscheinlichkeit p) und linearem Prädiktor η ermöglicht, eine **Linkfunktion.** Oder in anderen Worten: Die Linkfunktion g „verbindet" den Erwartungswert mit dem linearen Prädiktor. Die logistische Regression verwendet als Linkfunktion die Log-Odds, d. h., es ist

$$g(p) = \log\left(\frac{p}{1-p}\right),$$

welche auch als Logit-Funktion bezeichnet wird und der Umkehrung der logistischen Funktion entspricht.

Übrigens: Bei der linearen Regression war keine Transformation des Erwartungswerts (dort: μ) nötig. Die lineare Regression verwendet also als Linkfunktion die Identitätsfunktion, d. h. $g(\mu) = \mu$.

Jetzt sind wir in der Lage, die logistische Regression in der üblichen Darstellungsform zu verstehen. Um die Notation kompakt zu halten, bleiben wir im Folgenden allerdings vorwiegend bei der abkürzenden Schreibweise $p(x)$ statt $\mathbb{P}\,(Y=1\mid X=x)$.

Definition: Logistische Regression als zweistufiges Modell
Die logistische Regression kann folgendermaßen als zweistufiges Modell hingeschrieben werden:
1. Verteilung der Zielvariable festlegen:

$$Y \sim \text{Bernoulli}\,(p(x))$$

2. Erwartungswert obiger Verteilung durch linearen Prädiktor beschreiben:

$$\log\left(\frac{p(x)}{1-p(x)}\right) = \beta_0 + \beta_1 \cdot x = \eta(x),$$

bzw. äquivalent dazu

$$p(x) = \frac{\exp(\beta_0 + \beta_1 \cdot x)}{1 + \exp(\beta_0 + \beta_1 \cdot x)}.$$

Für konkret vorliegende Daten (x_i, y_i), $i = 1, \ldots, n$ gehen wir davon aus, dass die Werte y_i jeweils *unabhängige* Realisierungen von obiger Bernoulli-Verteilung sind.

Oder nochmals kompakt in Worten: Die Beobachtungen Y stammen von einer Bernoulli-Verteilung mit Erfolgswahrscheinlichkeit $p(x)$. Die Erfolgswahrscheinlichkeit $p(x)$ wird über den „Umweg" der Log-Odds (Linkfunktion) mit einer linearen Funktion (linearer Prädiktor) modelliert.

Zusammenfassend findet man in Tab. 3.1 die lineare und die logistische Regression im Vergleich.

Die Umkehrung der Linkfunktion wird manchmal auch als **Antwortfunktion** h bezeichnet. Sie berechnet aus dem linearen Prädiktor den entsprechenden Erwartungswert („Umkehrung der Linkfunktion"). Zur Erinnerung: Bei der logistischen Regression haben wir

$$h(\eta) = \frac{e^\eta}{1 + e^\eta}.$$

Dieser Zusammenhang ist auch nochmals in Abb. 3.3 dargestellt.

Tab. 3.1 Vergleich der linearen und der logistischen Regression

Komponente	Lineare Regression	Logistische Regression
Verteilung	Normalverteilung	Bernoulli-Verteilung
Erwartungswert	$\mu(x) \in \mathbb{R}$	$p(x) \in [0,1]$
Linearer Prädiktor	$\eta(x) = \beta_0 + \beta_1 \cdot x$	$\eta(x) = \beta_0 + \beta_1 \cdot x$
Linkfunktion	Identitätsfunktion: $\mu(x) = \eta(x)$	Logit-Funktion: $\log\left(\frac{p(x)}{1-p(x)}\right) = \eta(x)$

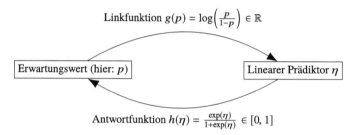

Abb. 3.3 Zusammenhang zwischen Erwartungswert und linearem Prädiktor am Beispiel der logistischen Regression

Bemerkung: Bei der linearen Regression gab es noch einen zweiten Parameter, die Varianz σ^2. Bei der logistischen Regression ist dies nicht mehr der Fall. Der Grund liegt darin, dass mit der Erfolgswahrscheinlichkeit p bei der Bernoulli-Verteilung sowohl der Erwartungswert als auch die Varianz modelliert werden. In der Tat ist die Varianz gegeben durch $p \cdot (1 - p)$. Diese direkte „Ankoppelung" der Varianz an den Erwartungswert kann problematisch sein und muss in der Praxis natürlich nicht zwangsläufig erfüllt sein. Mehr dazu in Kap. 6 unter dem Stichwort „quasibinomial".

Ausblick: Verallgemeinerte lineare Modelle
Dieses zweistufige Schema lässt sich noch auf viele andere Verteilungen anwenden und führt zu den sogenannten **verallgemeinerten linearen Modellen** (auf Englisch: **generalized linear models** oder kurz: **GLM**), die immer aus obigen Komponenten bestehen.

Wenn man Anzahlen modellieren will, bietet sich oft eine Poisson-Verteilung (mit Parameter $\lambda > 0$) an. Man hat dann die in Tab. 3.2 aufgelisteten Komponenten. Man spricht von der sogenannten **Poisson-Regression**.

Tab. 3.2 Komponenten der Poisson-Regression

Komponente	Poisson-Regression
Verteilung	Poisson-Verteilung
Erwartungswert	$\lambda(x) > 0$
Linearer Prädiktor	$\eta(x) = \beta_0 + \beta_1 \cdot x$
Linkfunktion	Logarithmus: $\log(\lambda(x)) = \eta(x)$

3.3 Alternativ: Logistische Regression als latentes Variablenmodell[1]

Wir können das logistische Regressionsmodell auch als sogenanntes **latentes Variablenmodell** interpretieren. Als **latente Variable** bezeichnet man eine Variable, deren Wert wir nicht direkt beobachten können. Nur gewisse Eigenschaften der Variable, z. B. ob deren Wert größer oder kleiner gleich Null ist, sind bekannt.

Wir starten mit einem „normalen" linearen Regressionsmodell für die latente Variable Z_i, d. h.

$$Z_i = \beta_0 + \beta_1 x_i + E_i.$$

Für die Fehler E_i nehmen wir einmal an, dass diese i. i. d. und symmetrisch um Null herum verteilt sind (aber nicht zwangsläufig normalverteilt).

Wenn wir nicht den effektiven Wert von Z_i beobachten können, sondern nur, ob Z_i größer als Null ist oder nicht, erhalten wir als „beobachtbare" Zielgröße Y_i, wobei

$$Y_i = \begin{cases} 1 & Z_i > 0 \\ 0 & Z_i \leq 0. \end{cases}$$

Y_i folgt als binäre Variable also einer Bernoulli-Verteilung mit Erfolgswahrscheinlichkeit

$$\mathbb{P}(Y_i = 1) = \mathbb{P}(\beta_0 + \beta_1 x_i + E_i > 0) = \mathbb{P}(E_i > -(\beta_0 + \beta_1 x_i)) = \mathbb{P}(E_i < \beta_0 + \beta_1 x_i),$$

wobei die letzte Gleichung aus der Symmetrie der Verteilung der Fehler E_i folgt.

Wenn wir annehmen, dass die Fehler einer sogenannten logistischen Verteilung mit Dichte f und kumulativer Verteilungsfunktion F folgen, wobei

---

[1]Dieser Abschnitt kann beim ersten Lesen auch übersprungen werden.

$$f(x) = \frac{e^x}{(1+e^x)^2}, \quad F(x) = \frac{e^x}{1+e^x}, x \in \mathbb{R},$$

so erhalten wir

$$\mathbb{P}(Y_i = 1) = \frac{e^{\beta_0 + \beta_1 x_i}}{1 + e^{\beta_0 + \beta_1 x_i}}.$$

Dies hat die gleiche Form wie das logistische Regressionsmodell! Das logistische Regressionsmodell entspricht also einem linearen Regressionsmodell für eine latente Variable mit logistischer Fehlerverteilung!

Bemerkung: Die logistische Verteilung (siehe Abb. 3.4) ist symmetrisch um Null und hat qualitativ eine ähnliche Form wie eine Normalverteilung.

Intuition: Latentes Variablenmodell

Das latente Variablenmodell kann nützlich sein, um die logistische Regression zu verstehen oder zu motivieren. Oft hat die latente Variable die Art eines „Potentials", das wir nicht direkt beobachten können, sondern nur, ob es realisiert oder umgesetzt wurde. Einige Beispiele:

- Baby lernt gehen: Wir können die neuromotorischen Fähigkeiten nicht direkt messen, sehen aber, ob es mit dem Gehen schon klappt oder nicht.
- Fahrprüfung bestehen: Durch Lernen und Üben werden Fähigkeiten verbessert, die wir nicht direkt messen können. Allerdings helfen größere Fähigkeiten, die Fahrprüfung zu bestehen.

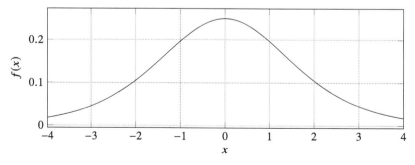

Abb. 3.4 Dichte der logistischen Verteilung auf dem Bereich $-4 \le x \le 4$

3.4 Interpretation der Parameter

In der Praxis besteht das Ziel darin, anhand von beobachteten Daten Werte für β_0 und β_1 zu schätzen. Wie dies gemacht wird, schauen wir in Abschn. 3.5 kurz vom mathematischen Standpunkt aus an. Die Umsetzung in der Praxis mit der Statistiksoftware R ist dann das Thema in Kap. 4. Weil das Schätzen der Parameter dank des Computers sehr einfach ist, liegt die Hauptaufgabe darin, die (geschätzten) Modellparameter richtig zu interpretieren.

Um den Einfluss des Achsenabschnitts β_0 und der Steigung β_1 besser zu verstehen, sind in Abb. 3.5 sowohl die Log-Odds als auch die Wahrscheinlichkeiten für verschiedene Parametersettings eingezeichnet. Auf der Skala der Log-Odds haben wir das von der linearen Regression bekannte Bild mit Geraden. Dies führt schon jetzt zur Faustregel: „Die Interpretation der Modellparameter der logistischen Regression auf der Skala der Log-Odds ist genau gleich wie bei der linearen Regression".

Auf der Skala der Wahrscheinlichkeiten können wir folgendes ablesen: Mit dem Achsenabschnitt β_0 findet nur eine *Verschiebung* der Kurven nach links oder rechts statt. Die Steigung β_1 steuert die Trennschärfe: Für betragsmäßig große Werte von β_1 wechselt die Kurve schnell von sehr kleinen Wahrscheinlichkeiten zu sehr großen (d. h., das Modell ist sehr trennscharf). Genau umgekehrt sieht es aus für betragsmäßig kleine Werte von β_1. Die Kurve ist dann eher flach. Natürlich hängt die Größe des Koeffizienten β_1 auch direkt davon ab, in welchen Einheiten die erklärende Variable gemessen wird (z. B. cm vs. mm).

Wie der Effekt der Modellparameter auf den verschiedenen Skalen genau quantifiziert und interpretiert wird, schauen wir uns nun anhand eines Beispiels genauer an.

3.4.1 Bedeutung der Modellparameter: Skala Log-Odds

Besonders einfach ist wie oben schon erwähnt die Interpretation der Parameterwerte auf der Skala der Log-Odds. Die Log-Odds werden in unserem Modell durch eine Gerade modelliert. Der Achsenabschnitt ist β_0 und die Steigung β_1. Das heißt, für $x = 0$ sind die Log-Odds gleich β_0. Wenn man x um eine Einheit erhöht, erhöhen sich die Log-Odds um den Wert β_1. Mit den Faustregeln für die Umrechnung von Log-Odds in Wahrscheinlichkeiten (siehe Abschn. 2.1) gelingt eine rasche Interpretation der geschätzten Parameter.

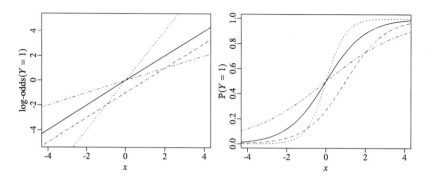

Abb. 3.5 Abhängigkeit der Log-Odds (links) und der Wahrscheinlichkeit (rechts) für verschiedene Parametersettings: $\beta_0 = 0$, $\beta_1 = 1$ (durchgezogen), $\beta_0 = -1$, $\beta_1 = 1$ (gestrichelt), $\beta_0 = 0$, $\beta_1 = 2$ (gepunktet) und $\beta_0 = 0$, $\beta_1 = 0.5$ (strich-punktiert)

Beispiel: Diagnostischer Test – Skala Log-Odds

Wir betrachten einen (medizinischen) diagnostischen Test, der mittels eines Blutwertes den Gesundheitszustand angibt: Die erklärende Variable x sei der gemessene Blutwert. Die Zielgröße Y ist 1, falls die Person krank ist und 0, falls die Person gesund ist. Wir nehmen an, dass folgendes logistisches Regressionsmodell gilt: $Y \sim$ Bernoulli $(p(x))$, wobei

$$\log \left(\frac{\mathbb{P}\,(Y = 1 \mid X = x)}{1 - \mathbb{P}\,(Y = 1 \mid X = x)} \right) = \log \left(\frac{p(x)}{1 - p(x)} \right) = -2 + 0.5 \cdot x.$$

Welche Schlüsse können wir daraus ziehen?

- Der **Achsenabschnitt** ist $\beta_0 = -2$: Wenn der Blutwert $x = 0$ gemessen wurde, sind die Log-Odds für Krankheit gleich -2. Das entspricht (z.B. gemäß Tabelle in Abschn. 2.1) einer Wahrscheinlichkeit von etwa 10 %, krank zu sein.
- **Effektstärke:** Die Steigung ist $\beta_1 = 0.5$. Wenn der Blutwert um eine Einheit größer wird, dann werden gemäß Modell die Log-Odds für Krankheit um 0.5 größer. Je höher der Blutwert, desto größer also die Wahrscheinlichkeit, krank zu sein.
- **Vorhersage:** Wir können mit diesem Modell Vorhersagen für *beliebige* Werte von x machen. Wenn der Blutwert z.B. den Wert $x = 6$ annimmt, sind die

Log-Odds für Krankheit $-2 + 0.5 \cdot 6 = 1$, was einer Wahrscheinlichkeit von (gerundet) 75 % entspricht, krank zu sein.

◄

3.4.2 Bedeutung der Modellparameter: Skala Odds

Auch auf der Skala der Odds ist eine einfache Interpretation der Parameter möglich. Dazu lösen wir die Modellgleichung mit der Exponentialfunktion nach den Odds auf:

$$
\begin{aligned}
\text{odds}\,(Y = 1 \mid X = x) &= \frac{\mathbb{P}\,(Y = 1 \mid X = x)}{1 - \mathbb{P}\,(Y = 1 \mid X = x)} = \frac{p(x)}{1 - p(x)} \\
&= \exp(\beta_0 + \beta_1 \cdot x) \\
&= \exp(\beta_0) \cdot \exp(\beta_1 \cdot x)
\end{aligned}
$$

Für $x = 0$ sind die Odds für Krankheit gleich $\exp(\beta_0)$. Wenn man x um eine Einheit erhöht, dann wird der Faktor $\exp(\beta_1 \cdot x)$ zu

$$
\exp(\beta_1 \cdot x) \rightarrow \exp(\beta_1 \cdot (x + 1)) = \exp(\beta_1 \cdot x) \cdot \exp(\beta_1).
$$

Das bedeutet, dass sich die Odds um den *Faktor* $\exp(\beta_1)$ ändern, d. h.

$$
\text{odds}\,(Y = 1 \mid X = x + 1) = \text{odds}\,(Y = 1 \mid X = x) \cdot \exp(\beta_1).
$$

Daraus lässt sich das entsprechende **Odds-Ratio** berechnen:

$$
\text{OR}\,(Y = 1 \mid X = x + 1 \text{ vs. } X = x) = \frac{\text{odds}\,(Y = 1 \mid X = x + 1)}{\text{odds}\,(Y = 1 \mid X = x)} = \exp(\beta_1).
$$

Wir sehen insbesondere: Unabhängig vom Wert von x hat eine Erhöhung von x um eine Einheit immer den gleichen *multiplikativen* Effekt auf die Odds. Oder: Das entsprechende Odds-Ratio ist immer $\exp(\beta_1)$. Das Odds-Ratio lässt sich also sehr einfach aus dem Parameter β_1 der logistischen Regression ermitteln.

Auf der Skala der Odds können wir folgende Schlüsse ziehen:

- **Effektstärke:** Es ist $\exp(\beta_1) = \exp(0.5) \approx 1.65$. Wenn sich der Blutwert x um eine Einheit erhöht, dann erhöhen sich die Odds für Krankheit um den *Faktor* 1.65. Das entsprechende Odds-Ratio ist also 1.65.
- **Vorhersage:** Auch auf der Skala der Odds können wir Vorhersagen für beliebige Werte von x machen. Für $x = 6$ sind die Log-Odds gleich 1 (siehe das ursprüngliche Beispiel) und somit sind die Odds $\exp(1) \approx 2.718$.

◄

3.4.3 Bedeutung der Modellparameter: Skala Wahrscheinlichkeiten

Auf der Skala der Wahrscheinlichkeiten ist die Interpretation der Parameter schwieriger. Die Effektstärke lässt sich nicht mehr „universell" quantifizieren. Wir haben gesehen: Wenn wir die erklärende Variable x um eine Einheit erhöhen, hat dies auf der Skala der Log-Odds eine Verschiebung um eine Konstante (β_1) zur Folge. Unabhängig vom Startwert der Log-Odds wird eine Erhöhung von x um eine Einheit die Log-Odds also immer um den Wert β_1 erhöhen. Der Zusammenhang zwischen Log-Odds und Wahrscheinlichkeit ist allerdings *nicht* linear. Eine fixe Erhöhung der Log-Odds um den Wert β_1 führt daher zu *unterschiedlichen* Erhöhungen der Wahrscheinlichkeit, je nachdem, bei welchem Wert der Wahrscheinlichkeit man startet. Dies können wir auch an folgender Tabelle einsehen:

Log-Odds	-2	-1	0
Wahrscheinlichkeit	10 %	25 %	50 %

Die Log-Odds von -2 entsprechen einer Wahrscheinlichkeit von etwa 10 %. Wenn wir die Log-Odds um 1 auf den Wert -1 erhöhen, verändert sich die dazugehörige Wahrscheinlichkeit auf den Wert 25 %. Die Wahrscheinlichkeit wurde also um 15 % größer. Wenn wir die Log-Odds nochmals um 1 auf den Wert 0 erhöhen, verändert sich die dazugehörige Wahrscheinlichkeit auf den Wert 50 %. Die Wahrscheinlichkeit hat sich diesmal also um 25 % und nicht wie vorher um 15 % verändert. Wir sehen: Je nach Startwert hat die Erhöhung der Log-Odds um eine additive Konstante also eine *unterschiedliche* Auswirkung auf die dazugehörige Wahrscheinlichkeit!

Was kann man trotzdem aussagen? Die „Richtung" des Effekts ist universell gültig und durch das Vorzeichen von β_1 gegeben. Wenn β_1 positiv ist, bedeutet dies: Eine Erhöhung von x hat zur Folge, dass sich die Wahrscheinlichkeit für $Y = 1$ erhöht (hierzu ist es auch nützlich, sich das Ganze mit dem latenten Variablenmodell aus Abschn. 3.3 vorzustellen). Genau umgekehrt geht es mit negativem Vorzeichen.

Weiterhin problemlos möglich sind Vorhersagen, weil wir zu jedem vorhergesagten Wert der Log-Odds durch Umformen die dazugehörige Wahrscheinlichkeit berechnen können.

Beispiel: Diagnostischer Test (Fortsetzung) – Skala Wahrscheinlichkeit

- **Effektstärke:** Nicht einfach quantifizierbar. Aber, weil hier β_1 positiv ist, gilt: Je größer x, desto größer die Wahrscheinlichkeit, krank zu sein ($Y = 1$).
- **Vorhersage:** Auch auf der Skala der Wahrscheinlichkeiten können wir Vorhersagen für beliebige Werte von x machen. Für $x = 6$ sind die Log-Odds gleich 1 (siehe vorangehendes Beispiel) und somit ist die Wahrscheinlichkeit

$$p(x) = \frac{\exp(1)}{1 + \exp(1)} \approx 0.73.$$

◄

3.4.4 Überblick

Zusammenfassend erhalten wir also bei einer Veränderung von x nach $x + 1$ auf den verschiedenen Skalen die in Tab. 3.3 aufgelisteten Auswirkungen.

Eine entsprechende Visualisierung für das Modell des Beispiels findet man in Abb. 3.6 auf allen drei Skalen.

Tab. 3.3 Übersicht über die Bedeutung der Modellparameter auf den verschiedenen Skalen

Skala	Veränderung, wenn x zu $x + 1$ wird
Log-Odds	Additive Veränderung um den Wert β_1
Odds	Multiplikative Veränderung um den Faktor $\exp(\beta_1)$
Wahrscheinlichkeit	Nicht universell quantifizierbar, Richtung gegeben durch das Vorzeichen von β_1

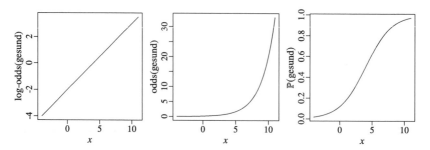

Abb. 3.6 Zusammenhang zwischen der erklärenden Variable x und Log-Odds, Odds bzw. Wahrscheinlichkeit

3.4.5 Mehrere erklärende Variablen

Die multiple logistische Regression ist eine Erweiterung auf mehrere erklärende Variablen. Wie bei der multiplen linearen Regression werden nun mehrere erklärende Variablen verwendet. In der Regel werden numerische und kategorielle Variablen, also Faktoren, verwendet. Auch Wechselwirkungen (Interaktionen) zwischen erklärenden Variablen sind möglich.

Vorsicht ist bei der Interpretation der Parameter geboten. Bei einer multiplen Regression (egal ob linear oder logistisch) werden *bereinigte* Zusammenhänge berechnet. Also der Zusammenhang zwischen einer erklärenden Variable und der Zielgröße, wenn die *übrigen erklärenden Variablen konstant bleiben.*

Beispiel: Diagnostischer Test: Einfache vs. multiple logistische Regression

Bisher haben wir in diesem Beispiel eine einfache logistische Regression mit einer einzigen erklärenden Variable (Blutwert x) verwendet. Die Steigung ist $\beta_1 = 0.5$. D.h., wenn der Blutwert um eine Einheit größer wird, dann werden gemäß Modell die Log-Odds für Krankheit um 0.5 größer.

Nun erweitern wir das Modell zu einer multiplen logistischen Regression und nehmen zusätzlich die erklärende Variable z auf, die das Alter beschreibt. Wir nehmen an, dass folgendes logistisches Regressionsmodell gilt:

$$\log\left(\frac{p(x)}{1 - p(x)}\right) = \beta_0 + \beta_1 \cdot x + \beta_2 \cdot z = -2 + 0.3 \cdot x + 0.1 \cdot z.$$

Die Steigung bzgl. dem Blutwert x ist nun $\beta_1 = 0.3$. Dieser Zusammenhang ist für das Alter *bereinigt,* weil Alter eine weitere erklärende Variable im Modell ist.

Es ist wichtig, diese Zusatzinformation in der Interpretation klar auszuweisen: Wenn der Blutwert um eine Einheit größer wird *und das Alter gleich bleibt,* dann werden gemäß Modell die Log-Odds für Krankheit um 0.3 größer. Oder auf der Skala der Odds: Wenn sich der Blutwert x um eine Einheit erhöht *und das Alter gleich bleibt,* dann erhöhen sich die Odds für Krankheit um den Faktor $\exp(0.3) \approx 1.35$. Das entsprechende Odds-Ratio ist also 1.35. ◄

3.5   Ausblick: Parameterschätzung und statistische Inferenz

Die Parameter werden bei der logistischen Regression mit der Maximum-Likelihood-Methode geschätzt. Im Gegensatz zur linearen Regression gibt es keine geschlossene Lösung mehr („Lösungsformel"), sondern es muss ein numerisches Maximierungsverfahren verwendet werden. Wir verzichten hier auf Details.

Auch die statistische Inferenz ist etwas komplizierter als bei der linearen Regression. Während bei der linearen Regression die Verteilung der geschätzten Parameter (exakt) hergeleitet werden kann, ist dies bei der logistischen Regression nicht mehr der Fall, sondern es sind nur asymptotische Resultate vorhanden. Dies bedeutet, dass die berechneten Standardfehler, Vertrauensintervalle und p-Werte nur genähert gelten und die Näherung mit steigender Anzahl Beobachtungen besser wird. Details werden ausführlich z. B. in McCullagh und Nelder (1989) besprochen.

Logistische Regression in R

4

Die logistische Regression ist wie in Abschn. 3.2 gesehen ein Spezialfall eines verallgemeinerten linearen Modells (generalized linear model, kurz GLM). In R wird daher zum Anpassen eines logistischen Regressionsmodells an Daten die Funktion glm verwendet. Bevor wir uns die Details dieser Funktion anschauen, beginnen wir mit einem Datenbeispiel.

Damit alle Beispiele auch selber durchgerechnet werden können, werden die Datensätze jeweils von folgender Webseite heruntergeladen:

```
book.url <- "https://stat.ethz.ch/~meier/teaching/book-logreg"
```

Beispiel: Spende

In einer Umfrage wurden 1000 Personen befragt, ob sie bereit sind, eine Spende für einen bestimmten wohltätigen Zweck zu machen. Zudem wurde das Alter der Personen erhoben. Gibt es einen Zusammenhang zwischen der Spendebereitschaft und dem Alter? Die Daten sind im data frame spende zu finden. Er enthält die Spalte alter für das erhobene Alter (numerische Variable) und die Spalte antwort für die Spendebereitschaft: eine Faktorvariable mit den beiden Levels "nein" und "ja". Das Referenzlevel ist "nein". Die Daten sind in Abb. 4.1 dargestellt. ◄

Um einen besseren Eindruck zu erhalten, betrachten wir die Struktur und die ersten paar Zeilen des Datensatzes. Mit der Funktion levels werden die Faktorstufen eines Faktors angezeigt. Die zuerst genannte Faktorstufe ist das Referenzlevel (mit der Funktion relevel könnte die Reihenfolge der Faktorstufen geändert werden).

© Der/die Autor(en) 2021
M. Kalisch und L. Meier, *Logistische Regression,* essentials,
https://doi.org/10.1007/978-3-658-34225-8_4

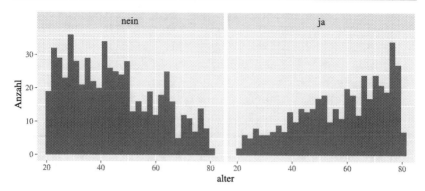

Abb. 4.1 Histogramme der Variable alter für Spendebereitschaft „nein" (links) und Spendebereitschaft „ja" (rechts)

```
load(url(file.path(book.url, "data/spende.rda")))
str(spende)
## 'data.frame':    1000 obs. of  2 variables:
##  $ alter  : num  35.9 42.3 54.4 74.5 32.1 ...
##  $ antwort: Factor w/ 2 levels "nein","ja": 1 2 1 1 1 ...
head(spende, 4)
##    alter antwort
## 1  35.9    nein
## 2  42.3      ja
## 3  54.4    nein
## 4  74.5    nein
levels(spende$antwort)
## [1] "nein" "ja"
```

4.1   Modell an Daten anpassen

Bei der Funktion glm wird das Modell mit einer Formel spezifiziert und die Daten mit dem Argument data übergeben. Hinzu kommt das Argument family. Mit diesem Argument kann festgelegt werden, welche Verteilung genau verwendet werden soll. Für die logistische Regression müssen wir im Argument family die Binomialverteilung angeben (denn: die Bernoulli-Verteilung ist ein Spezialfall einer Binomialverteilung) und als Linkfunktion die Logit-Funktion spezifizieren: family = binomial(link = "logit") (da die Logit-Funktion standardmäßig als Linkfunktion ausgewählt wird, würde auch die Kurzform family = binomial ausreichen). Wichtig ist, dass die Log-Odds für das Level der Zielgröße modelliert werden, das *nicht* das Referenzlevel ist (hier: antwort = "ja", also Spendebereitschaft vorhanden). Mit der Funktion summary werden die geschätzten Parameter und weitere Informationen angezeigt:

```
fit.spende <- glm(antwort ~ alter,
                  family = binomial(link = "logit"),
                  data = spende)
summary(fit.spende)
## ...
## Coefficients:
##             Estimate Std. Error z value Pr(>|z|)
## (Intercept) -2.909573   0.236690  -12.29  <2e-16 ***
## alter        0.049963   0.004326   11.55  <2e-16 ***
## ...
```

Die geschätzten Parameter werden im Output unter Coefficients angezeigt. Die Zeile (Intercept) bezieht sich auf den Parameter β_0 (Achsenabschnitt auf der Skala der Log-Odds) und die Zeile alter bezieht sich auf die Steigung bezüglich der Variable alter (auf der Skala der Log-Odds), also β_1. Die Spalten enthalten Informationen zum geschätzten Parameter (Estimate), zur Genauigkeit der Parameterschätzung, dem sogenannten Standardfehler (Std. Error), zum entsprechenden Verhältnis (z value) und zum p-Wert für die Nullhypothese (mit zweiseitiger Alternativhypothese), dass der entsprechende Parameter gleich Null ist (Pr(>|z|)).

Beispiel: Spende (Fortsetzung) – Geschätztes Modell interpretieren

Das Referenzlevel der Zielgröße antwort ist "nein" (keine Spendebereitschaft). Also werden die Log-Odds für das *andere* Level, d. h. "ja" (Spendebereitschaft) modelliert. Gemäß Output der Funktion summary wurde also folgendes zweistufige Modell geschätzt: Die Zielgröße Y ist 1, falls die Person zu einer Spende bereit ist (antwort="ja") und sonst 0 (antwort="nein"), d. h. $Y \sim \text{Bernoulli}(p(\text{alter}))$, wobei

$$\log\left(\frac{p(\text{alter})}{1 - p(\text{alter})}\right) \approx -2.910 + 0.050 \cdot \text{alter}.$$

Die Wahrscheinlichkeit für Spendebereitschaft in einem gewissen Alter ist also $p(\text{alter})$. Die geschätzten Parameter sind: $\widehat{\beta_0} \approx -2.910$ und $\widehat{\beta_1} \approx 0.050$. Gemäß dem geschätzten Modell sind also die Log-Odds für antwort="ja" (d. h., Person ist bereit zu Spende) z. B. bei einer Person mit alter = 50 ca. $-2.910 + 0.050 \cdot$

$50 = -0.41$, was in etwa einer Wahrscheinlichkeit von 40 % entspricht. Die p-Werte für beide Hypothesentests $H_0 : \beta_0 = 0$ und $H_0 : \beta_1 = 0$ sind sehr klein: <2e-16 bedeutet, dass die p-Werte kleiner als $2 \cdot 10^{-16}$ sind, also im Bereich der numerischen Genauigkeit des Computers. Die entsprechenden Nullhypothesen können also deutlich verworfen werden. ◄

4.2   Interpretation der Effektstärke

In Abschn. 3.4 haben wir die Faustregel kennengelernt: „Die Interpretation der Modellparameter der logistischen Regression auf der Skala der Log-Odds ist genau gleich wie bei einer linearen Regression". Entsprechend einfach ist die Interpretation der geschätzten Parameter auf der Skala der Log-Odds.

Beispiel: Spende (Forts.) – Effektstärke auf Skala Log-Odds

Wenn das Alter um ein Jahr erhöht wird, erhöhen sich die Log-Odds für antwort="ja" um ca. 0.050. Weil sich Log-Odds und Wahrscheinlichkeiten in die gleiche Richtung ändern, heißt das: Die Spendebereitschaft nimmt mit dem Alter zu. ◄

Vertrauensintervalle für die geschätzten Parameter werden mit der Funktion confint berechnet. Mit dem Argument level wird die Überdeckungswahrscheinlichkeit des Vertrauensintervalls festgelegt.

Beispiel: Spende (Forts.) – Vertrauensintervalle auf Skala Log-Odds

Das jeweilige 95 %-Vertrauensintervall für β_0 und β_1 ist durch die erste bzw. die zweite Zeile des folgenden Outputs gegeben:

```
confint(fit.spende, level = 0.95)
##                   2.5 %      97.5 %
## (Intercept) -3.38249016 -2.45398788
## alter        0.04161265  0.05858367
```

Wir haben gesehen, dass sich die Log-Odds für antwort="ja" um ca. 0.050 erhöhen, wenn das Alter um ein Jahr erhöht wird. Ein 95%-Vertrauensintervall für diesen Schätzwert ist (gerundet) [0.042, 0.059]. ◄

Etwas schwieriger wird es, wenn wir die Ergebnisse auf der Skala der Odds oder der Wahrscheinlichkeit interpretieren wollen (siehe die Abschn. 3.4.2 und 3.4.3). Eine wichtige Größe ist dabei das Odds-Ratio: Wenn die erklärende Variable um eine Einheit erhöht wird, dann erhöhen sich die Odds (für Erfolg) um den *Faktor* $\exp(\beta_1)$. Dies entspricht gerade dem Odds-Ratio. Ein Vertrauensintervall für das Odds-Ratio erhalten wir, indem wir ganz einfach die Exponentialfunktion auf die Grenzen des Vertrauensintervalls von β_1 anwenden.

> **Beispiel: Spende (Fortsetzung) – Odds Ratio**
>
> Gemäß Output ist $\widehat{\beta}_1 \approx 0.050$. Das (geschätzte) Odds-Ratio bezüglich Alter ist also
>
> $$\exp(\widehat{\beta}_1) \approx \exp(0.050) \approx 1.05.$$
>
> Dies bedeutet: Wenn das Alter um ein Jahr zunimmt, erhöhen sich die Odds für Spendebereitschaft um den *Faktor* 1.05. Ein 95%-Vertrauensintervall für β_1 ist [0.042, 0.059]. Daher ist ein 95%-Vertrauensintervall für das Odds-Ratio gegeben durch
>
> $$[\exp(0.042), \exp(0.059)] \approx [1.043, 1.061].$$
>
> Einfacher geht es, wenn diese Werte in R direkt berechnet werden:
>
> ```
> exp(confint(fit.spende, level = 0.95))
> ##                 2.5 %     97.5 %
> ## (Intercept) 0.03396278 0.08595014
> ## alter       1.04249059 1.06033370
> ```
>
> Die Zeile `alter` entspricht (diesmal mit weniger Rundungsfehlern) den manuell berechneten Grenzen des 95%-Vertrauensintervalls für das Odds-Ratio. ◄

In Abschn. 3.4.3 haben wir gesehen, dass sich die Effektstärke auf der Skala der Wahrscheinlichkeit nicht universell quantifizieren lässt.

4.3 Vorhersagen

Während die Effektstärke nur auf der Skala der Log-Odds oder der Odds einfach quantifiziert werden kann, ist eine Vorhersage für einen gegebenen Wert der erklärenden Variable auf jeder Skala möglich.

Beispiel: Spende (Fortsetzung) – Vorhersagen

Wie groß ist gemäß unserem Modell die Spendebereitschaft einer 60-jährigen Person?

- *Skala Log-Odds:* In die Modellgleichung können wir alter $= 60$ einsetzen und erhalten die Log-Odds:

$$\widehat{\beta_0} + \widehat{\beta_1} \cdot 60 \approx -2.910 + 0.050 \cdot 60 \approx 0.09.$$

Die Log-Odds für Spendebereitschaft für eine 60-jährige Person sind gemäß unserem Modell also etwa 0.09.

- *Skala Odds:* Aus den geschätzten Log-Odds berechnen wir die geschätzten Odds für Spendebereitschaft:

$$\exp(0.09) \approx 1.094$$

Die Odds für Spendebereitschaft sind für eine 60-jährige Person gemäß Modell also etwa 1.09. D. h., die Wahrscheinlichkeit, dass eine 60-jährige Person Spendebereitschaft hat, ist also (gemäß Modell) um den Faktor 1.09 größer als die Wahrscheinlichkeit, dass diese Person keine Spendebereitschaft hat.

- *Skala Wahrscheinlichkeit:* Durch Umformen der Odds berechnen wir die Wahrscheinlichkeit für Spendebereitschaft:

$$\frac{1.094}{1 + 1.094} \approx 0.522$$

Die Wahrscheinlichkeit, dass eine 60-jährige Person eine Spendebereitschaft hat, ist also etwa 52 %.

◄

Viel einfacher ist es, wenn wir solche Berechnungen mit der Funktion `predict` erledigen. Vorhersagen mit dieser Funktion sind sowohl auf der Skala des linearen Prädiktors, also der Log-Odds (Argument `type = "link"`) sowie auch auf der Skala der Wahrscheinlichkeit (Argument `type = "response"`) möglich. Wir müssen dabei zunächst festlegen, für welche Werte der erklärenden Variablen Vorhersagen gemacht werden sollen. Dazu erstellen wir einen data frame, der als Spalten

alle erklärenden Variablen unseres Modells enthält. Jede Zeile dieses data frames
füllen wir anschliessend mit der Kombination der erklärenden Variablen, für die wir
eine Vorhersage wünschen. Mehr Details zu dieser Funktion findet man in der Hilfe
unter ?predict.glm.

Beispiel: Spende (Fortsetzung) – Vorhersage mit predict

Unser Modell hat nur eine erklärende Variable (alter) und wir wünschen eine
Vorhersage für nur einen Wert dieser Variable (alter = 60). Mit diesen Informationen können wir einen data frame erzeugen:

```
spende.new <- data.frame(alter = 60)
```

Diesen data frame übergeben wir der Funktion predict nun im Argument
newdata und berechnen die vorhergesagten Werte auf der Skala der Log-Odds
(type = "link") oder der Wahrscheinlichkeit (type = "response").

```
## Vorhergesagte Log-Odds
(lo.pred <- predict(fit.spende, newdata = spende.new,
                    type = "link"))
##          1
## 0.08819857
## Vorhergesagte Wahrscheinlichkeit
(p.pred <- predict(fit.spende, newdata = spende.new,
                   type = "response"))
##          1
## 0.5220354
```

Abgesehen von Rundungseffekten sind diese Werte und die manuell berechneten Werte identisch. Übrigens ist die Antwortfunktion *h* schon im Objekt
fit.spende enthalten, sodass es eine weitere Möglichkeit gibt, die Wahrscheinlichkeit aus den Log-Odds zu berechnen:

```
fit.spende$family$linkinv(lo.pred)
##          1
## 0.5220354
```

◄

Den vorhergesagten Wert auf der Skala der Odds können wir entweder aus der vorhergesagten Wahrscheinlichkeit oder aus den vorhergesagten Log-Odds berechnen.

Beispiel: Spende (Fortsetzung) – Vorhersage der Odds

```
## Vorhergesagte Odds: Variante 1
p.pred / (1 - p.pred)
##        1
## 1.092205
## Vorhergesagte Odds: Variante 2
exp(lo.pred)
##        1
## 1.092205
```
◄

Auf allen drei Skalen können wir auch entsprechende Vertrauensintervalle angeben.
Dies funktioniert am einfachsten mit der Funktion `predict` und dem Argument
`se.fit` = TRUE. Die „klassischen" Vertrauensintervalle der Form „Schätzwert $\pm$
Quantil $\times$ Standardfehler" machen aber nur auf der Skala der Log-Odds Sinn (weil
es dort keine Restriktion bzgl. der Skala gibt). Für die anderen Skalen (Odds, Wahrscheinlichkeit) werden die Vertrauensintervalle mit den entsprechenden Funktionen
mittransformiert:

```
pred.link <- predict(fit.spende, newdata = spende.new,
                     type = "link", se.fit = TRUE)
quant <- 1.96 ## oder: qnorm(0.975) für 95%-Vertrauensintervall
## Skala Log-Odds
(CI.link <- pred.link$fit + c(-1, 1) * quant * pred.link$se.fit)
## [1] -0.06310872  0.23950585
## Skala Odds
exp(CI.link)
## [1] 0.9388414 1.2706211
## Skala Wahrscheinlichkeit
fit.spende$family$linkinv(CI.link)
## [1] 0.4842281 0.5595919
```

Dies bedeutet, dass gemäß Modell die Wahrscheinlichkeit, dass eine 60-jährige
Person mit „Ja" antwortet, im Intervall [0.48, 0.56] liegt (95%-Vertrauensintervall).
Wenn wir dies für verschiedene Alter ausrechnen und einzeichnen, erhalten wir die
in Abb. 4.2 dargestellten Vertrauensbänder.

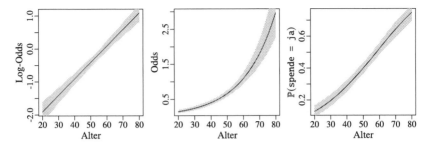

Abb. 4.2 Geschätzte Log-Odds, Odds, und Wahrscheinlichkeiten, inkl. jeweilige punktweise 95%-Vertrauensintervalle (grau)

4.4 Gruppierte Daten

Die bisher verwendeten Daten hatten pro Zeile immer eine Beobachtung mit erklärenden Variablen und der binären Information zur Zielgröße gespeichert (z. B. pro Zeile eine Person mit Alter und Status zu der Spendebereitschaft). Häufig liegen die Daten in einer anderen Form vor: Vor allem bei kontrollierten Experimenten gibt es oft *Gruppen* von (unabhängigen) Versuchseinheiten, die alle die gleichen erklärenden Variablen haben. Statt eine *einzelne* Beobachtung pro Zeile zu speichern, wird dann pro Zeile eine ganze Gruppe mit den erklärenden Variablen der Gruppe und der Anzahl der Erfolge bzw. der Misserfolge pro Gruppe gespeichert.

Beispiel: Daten pro Gruppe

Es werden 11 Gruppen mit je 30 (unabhängigen) kranken Tieren mit einem neuen Medikament behandelt. Innerhalb einer Gruppe erhält jedes Tier die gleiche Dosis, allerdings ist die Dosis für jede Gruppe anders. Wir könnten die Daten wie bisher speichern: Pro Zeile ein Tier mit der zugehörigen Dosis und dem Ausgang des Experiments („krank" oder „gesund"). Dieser Datensatz hätte 330 Zeilen. Alternativ können wir pro Zeile nur die Informationen einer *Gruppe* (und nicht einer Einzelbeobachtung) speichern. Die Spalte `gesund` des data frames `medikament` enthält die Anzahl der Tiere, die pro Gruppe gesund geworden sind (entsprechend die Spalte `krank`). Die Spalte `Dosis` enthält die Dosis, die jedem der 30 Tiere in einer Gruppe verabreicht wurde. Diese Art der Darstellung hilft uns, die Daten kompakter darzustellen: Wir brauchen nur 11 Zeilen und nicht 330.

```
load(url(file.path(book.url, "data/medikament.rda")))
head(medikament)
##   dosis krank gesund
## 1     0    29      1
## 2     1    29      1
## 3     2    27      3
## 4     3    27      3
## 5     4    21      9
## 6     5    24      6
```

Zum Beispiel wurden von den 30 Tieren in der Gruppe mit dosis = 5 genau 6 Tiere gesund. ◄

Um die logistische Regression wie gewohnt auf gruppierte Daten anwenden zu können, könnten wir den gruppierten Datensatz mit etwas Programmieraufwand in einen Datensatz mit einer Einzelbeobachtung pro Zeile umwandeln.

Es geht aber auch einfacher: Der gruppierte Datensatz kann direkt in glm verwendet werden. Dabei muss lediglich das erste Argument (formula) angepasst werden. Anstelle der Zielgröße übergeben wir eine Matrix mit zwei Spalten. Die erste Spalte enthält pro Gruppe die Anzahl der Erfolge (z. B. geheilte Tiere). Die zweite Spalte enthält pro Zeile die Anzahl der Misserfolge (z. B. Tiere, die krank geblieben sind). Hilfreich ist dabei der Befehl cbind, mit dem Vektoren spaltenweise in eine Matrix zusammengefasst werden.

Beispiel: Daten pro Gruppe (Fortsetzung)

Zusammengefasst in einer Matrix können wir nun sofort glm aufrufen und erhalten den gewohnten Output mit der Funktion summary:

```
fit.medi <- glm(cbind(gesund, krank) ~ dosis,
                family = binomial(link = "logit"),
                data = medikament)
summary(fit.medi)
## ...
## Coefficients:
##             Estimate Std. Error z value Pr(>|z|)
## (Intercept) -4.29356    0.46067  -9.320   <2e-16 ***
## dosis        0.74103    0.07601   9.749   <2e-16 ***
## ...
```

◄

Klassifikation 5

Bei der Klassifikation werden Beobachtungen anhand von Eigenschaften in vorher festgelegte Klassen eingeteilt. Wir beschränken uns auf nur zwei Klassen und sprechen dann von „binärer" Klassifikation. Die beiden Klassen werden häufig „positiv" und „negativ" genannt.

Klassifikation wird in der Praxis sehr häufig verwendet. Zum Beispiel: Ist ein Patient mit gewissen diagnostischen Werten krank oder gesund? Oder: Wird ein Kunde mit bekanntem Kaufverhalten ein neues Produkt kaufen oder nicht?

Die logistische Regression kann zur binären Klassifikation verwendet werden: Sie modelliert die Wahrscheinlichkeit zu einer von zwei Klassen (z. B. „positiv") zu gehören. Um klassifizieren zu können, müssen wir zudem noch eine Grenze für die Wahrscheinlichkeit festlegen, z. B. 50 %. Alle Beobachtungen mit einer Wahrscheinlichkeit von 50 % oder mehr werden der einen Klasse („positiv") und alle Beobachtungen mit einer Wahrscheinlichkeit von unter 50 % werden der anderen Klasse („negativ") zugeordnet (je nach Anwendungszweck kann auch eine andere Grenze besser geeignet sein).

Beispiel: Spende (Fortsetzung): Klassifikation

Das angepasste logistische Regressionsmodell modelliert die Wahrscheinlichkeit für Spendebereitschaft „ja" und wir legen willkürlich fest, dass diese Klasse die „positive" Klasse ist. Falls diese Wahrscheinlichkeit 50 % oder mehr ist, wird die Person als „Spender" („positiv") klassifiziert. Ansonsten wird sie als „Kein Spender" („negativ") klassifiziert. Konkret: Sollte gemäß unserem Modell eine 25-jährige Person eher als „Spender", also „positiv", oder als „Kein Spender", also „negativ", klassifiziert werden?

© Der/die Autor(en) 2021
M. Kalisch und L. Meier, *Logistische Regression,* essentials,
https://doi.org/10.1007/978-3-658-34225-8_5

Zunächst berechnen wir die Wahrscheinlichkeit für Spendebereitschaft:

```
datNew <- data.frame(alter = 25)
predict(fit.spende, newdata = datNew, type = "response")
##          1
## 0.1596947
```

Die Wahrscheinlichkeit für Spendebereitschaft ist gemäß unserem Modell etwa 16 %, also kleiner als die Grenze von 50 %. D. h., wir klassifizieren diese Person als „Kein Spender" bzw. „negativ". ◄

Die Daten, mit denen das Modell angepasst bzw. „trainiert" wurde, werden auch **Trainingsdaten** genannt. Entscheidend für die Anwendung ist häufig die Frage, wie gut die Methode funktioniert, um die Klasse bei *neuen* Daten vorherzusagen. Zum Beispiel im Klinikalltag, bei einem neuen Patienten, dessen diagnostische Werte man kennt: Ist er gesund oder krank?

Um das einschätzen zu können, kann man einen zweiten Datensatz verwenden, der zur Modellanpassung bisher *nicht* verwendet wurde, also „neu" ist. Man spricht von sogenannten **Testdaten**. Alternativ kann Kreuzvalidierung verwendet werden: Es werden dann die vorhandenen Daten (typischerweise mehrmals) in Trainings- und Testdaten aufgeteilt. Wir verfolgen dies hier aber nicht weiter.

Wir klassifizieren nun jede Beobachtung im Testdatensatz mit unserer Klassifikationsmethode. Wenn sie gut funktioniert, sollten praktisch alle Beobachtungen richtig klassifiziert werden. Um das Ergebnis übersichtlich darzustellen, wird häufig auch eine Tabelle mit den wahren Klassen als Spalten und den vorhergesagten Klassen als Zeilen angegeben (die sogenannte **confusion matrix**). Die möglichen Ausgänge sind in Tab. 5.1 dargestellt. Wir verwenden jeweils gerade die entsprechenden englischen Bezeichnungen. Wenn also z. B. bei einer Beobachtung, die in der Tat zur Kategorie „negativ" gehört, die Vorhersage „positiv" gemacht wird, dann spricht man von einem „false positive".

Tab. 5.1 Schematische Darstellung einer confusion matrix

		Wahrheit	
		negativ	positiv
Vorhersage	negativ	true negative (TN)	false negative (FN)
	positiv	false positive (FP)	true positive (TP)

Beispiel: Spende (Fortsetzung): Confusion Matrix und Fehlerrate

Unsere Klassifikationsmethode wurde mit den Trainingsdaten im data frame spende trainiert. Wie gut würde dieser Klassifikator die Spendebereitschaft von *neuen* Personen vorhersagen? Um das herauszufinden, verwenden wir einen Testdatensatz: Im data frame spende.test sind 1000 *weitere* Personen zu Alter und Spendebereitschaft befragt worden. Für jede Person machen wir nun basierend auf ihrem Alter eine Vorhersage bezüglich Spendebereitschaft und vergleichen dann mit der wahren Spendebereitschaft, die ja in spende.test verfügbar ist.

```
## Berechne Wahrscheinlichkeit
p.pred <- predict(fit.spende, newdata = spende.test,
                  type = "response")
## Leite aus Wahrscheinlichkeit die Klasse ab
vorhersage <- factor(ifelse(p.pred >= 0.5, "ja", "nein"),
                     levels = c("nein", "ja"))
wahrheit <- spende.test$antwort

## Tabelliere Ergebnis: confusion matrix
table(vorhersage, wahrheit)
##           wahrheit
## vorhersage nein  ja
##       nein  443 194
##       ja    140 223
```

In der Tabelle (entspricht der confusion matrix) ist die wahre Spendebereitschaft in den Spalten und die vorhergesagte Spendebereitschaft in den Zeilen zu sehen. In der ersten Spalte sehen wir $443 + 140 = 583$ Personen, die in Wahrheit keine Spendebereitschaft hatten („Spendebereitschaft nein"): 443 Personen wurden in die richtige Klasse „Spendebereitschaft nein" eingeteilt, während die übrigen 140 Personen fälschlicherweise in die Klasse „Spendebereitschaft ja" eingeteilt wurden.

Analog sehen wir in der zweiten Spalte $194 + 223 = 417$ Personen, die in Wahrheit zu einer Spende bereit sind. Davon hat unsere Klassifikationsmethode aber nur 223 korrekterweise in die Klasse „Spendebereitschaft ja" eingeteilt. Die übrigen 194 Personen wurden fälschlicherweise in die Klasse „Spendebereitschaft nein" eingeteilt.

Zusammenfassend hat unsere Klassifikationsmethode also bei $140 + 194 = 334$ Personen (von insgesamt 1000) einen Fehler gemacht. Die sogenannte **Fehlerrate** (oder: **misclassification error**) auf diesem Testdatensatz ist also $\frac{334}{1000} = 33.4\,\%$. ◄

Übliche Gütezahlen für einen Klassifikator sind die **True Positive Rate** (TPR),

$$\text{TPR} = \frac{\text{Anzahl true positives}}{\text{Anzahl Beob., die in Wahrheit positiv sind}} = \frac{\#\text{TP}}{\#\text{TP} + \#\text{FN}},$$

wobei wir mit dem Symbol „#" das Wort „Anzahl" abkürzen. Die TPR gibt uns also an, wieviel Prozent der in der Tat positiven Beobachtungen wir korrekt vorhersagen können.

Umgekehrt ist die **False Positive Rate** (FPR) gegeben durch

$$\text{FPR} = \frac{\text{Anzahl false positives}}{\text{Anzahl Beob., die in Wahrheit negativ sind}} = \frac{\#\text{FP}}{\#\text{FP} + \#\text{TN}}.$$

Sie entspricht dem Anteil „positiv" klassifizierter Beobachtungen unter allen Beobachtungen, die in Wahrheit „negativ"sind. Wünschenswert ist also eine große TPR und eine kleine FPR. Ein perfekter Klassifikator hat TPR $= 1$ („wir erwischen alle in der Tat positiven Fälle") und FPR $= 0$ („wir machen nie den Fehler, dass wir eine in der Tat negative Beobachtung als positiv vorhersagen").

Im medizinischen Bereich werden alternativ auch die Begriffe **Sensitivität** ($=$ TPR) und **Spezifität** ($= 1 - $ FPR) verwendet.

Beispiel: Spende (Fortsetzung): TPR und FPR

Insgesamt gibt es 417 „positive" Beobachtungen (also Personen mit Spendebereitschaft). Davon wurden 223 Beobachtungen richtigerweise in die „positive" Klasse („Spender") eingeteilt. Für die True Positive Rate gilt also:

$$\text{TPR} = \frac{223}{417} \approx 0.53$$

Umgekehrt gab es 583 in der Tat „negative" Beobachtungen (Personen ohne Spendebereitschaft). Davon wurden 140 Beobachtungen fälschlicherweise in die „positive" Klasse („Spender") eingeteilt. Für die False Positive Rate gilt also:

$$\text{FPR} = \frac{140}{583} \approx 0.24$$

Die Sensitivität ist also 0.53 und die Spezifität $1 - 0.24 = 0.76$. ◄

Bei unserer Klassifikationsmethode haben wir die Grenze für die Wahrscheinlichkeit, den sogenannten „cutoff", bei 50 % angesetzt: Alle Beobachtungen mit einer

Wahrscheinlichkeit von 50 % oder mehr werden der „positiven" Klasse und alle
Beobachtungen mit einer Wahrscheinlichkeit von unter 50 % werden der „negativen" Klasse zugeordnet. Daraus hat sich eine gewisse TPR und FPR ergeben.
Wenn wir diese Grenze verschieben, ändern sich die Vorhersagen und somit auch
die TPR bzw. FPR. Wenn die Grenze z. B. 0 % ist, werden alle Beobachtungen in die
Klasse „positiv" eingeteilt. D. h., alle Beobachtungen, die in Wahrheit „positiv" sind,
werden korrekterweise als „positiv" klassifiziert. Somit gilt TPR $= 1$. Allerdings
werden auch alle in Wahrheit „negativen" Beobachtungen (fälschlicherweise) als
„positiv" klassifiziert. Daher gilt FPR $= 1$.

Wenn wir diese Grenze für die Wahrscheinlichkeit erhöhen, ändert sich die Ein-
teilung bei mehr und mehr Personen von „positiv" zu „negativ". Dadurch nehmen
sowohl TPR als auch FPR ab. Wenn die Grenze schliesslich 100 % ist, wird jede
Person in die Klasse „negativ" eingeteilt. Damit gilt sowohl TPR $= 0$ als auch
FPR $= 0$.

Je nach „cutoff" ergibt sich also ein anderer Kompromiss zwischen (möglichst
großer) TPR und (möglichst kleiner) FPR. Die **ROC-Kurve** (ROC steht für „Recei-
ver Operating Characteristic") visualisiert alle möglichen Kombinationen von TPR
und FPR, die durch eine Einstellung des „cutoffs" erzielt werden können: Auf der
horizontalen Achse wird die FPR und auf der vertikalen Achse die TPR aufgetragen.
Nun wird für jeden denkbaren Wert des „cutoffs" ein Punkt bei der entsprechenden
TPR und FPR eingezeichnet. Daraus ergibt sich eine Kurve, die links unten bei
TPR $= 0$ und FPR $= 0$ (entspricht einem „cutoff" von 100 %) beginnt und bis
rechts oben bei TPR $= 1$ und FPR $= 1$ (entspricht einem „cutoff" von 0 %) mono-
ton ansteigt. D. h., wenn man den „cutoff" von 0 % schrittweise auf 100 % erhöht,
dann wird die Kurve von rechts oben nach links unten durchlaufen.

Entscheidend für die Güte des Klassifikators ist die *Art* des Anstiegs. Bei einem
Klassifikator, der auf bloßem Raten basiert, entspricht die erwartete ROC-Kurve
gerade der Winkelhalbierenden. Im Gegensatz dazu würde ein perfekter Klassifikator zunächst vertikal bis TPR $= 1$ ansteigen und dann horizontal bis FPR $= 1$
verlaufen. In der Praxis wird die ROC-Kurve meist irgendwo dazwischen liegen.
Grundsätzlich ist ein Klassifikator mit einer größeren Fläche unter der ROC-Kurve
(„area under the curve" oder kurz **AUC**) besser. Bei bloßem Raten erwartet man
AUC $= 0.5$ und bei einem perfekten Klassifikator ist AUC $= 1$.

Die ROC-Kurve kann helfen, einen guten „cutoff" zu finden. Hier gibt es keine
eindeutige Regel, allerdings sollte die TPR möglichst groß und die FPR möglichst
klein sein. D. h., wir suchen auf der ROC-Kurve einen Punkt, der möglichst weit
„links oben" liegt. Weitere Informationen zur Analyse einer ROC-Kurve findet man
z. B. in Fawcett (2006).

In R kann die ROC-Kurve z. B. mit dem Paket ROCR (Sing et al. 2005) oder pROC (Robin et al. 2011) erzeugt werden.

Wir verwenden das Paket ROCR um die ROC-Kurve des angepassten logistischen Regressionsmodells zu berechnen.

```
library(ROCR)
## Wahrscheinlichkeiten gemäß logistischem Regressionsmodell
pred.test <- predict(fit.spende, newdata = spende.test,
                     type = "response")
## Erstelle prediction-Objekt für ROCR
pred <- prediction(pred.test, spende.test$antwort,
                   label.ordering = c("nein", "ja"))
perf <- performance(pred, "tpr", "fpr")
plot(perf)
points(x = 140 / 583, y = 223 / 417, pch = 20) ## cutoff 0.5
abline(a = 0, b = 1) ## Winkelhalbierende
```

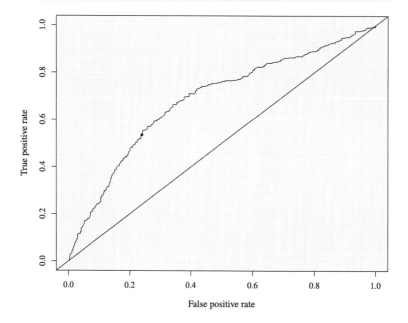

Der gewählte cutoff von 0.5 (schwarzer Punkt) scheint ein vernünftiger Kompromiss zwischen großer TPR und kleiner FPR zu sein.

Die AUC ist etwa 0.68, also größer als der Wert von 0.5, den wir mit bloßem Raten erwarten würden.

```
auc <- performance(pred, "auc")
auc@y.values
## [[1]]
## [1] 0.6834471
```

◄

Um mehrere Klassifikationsmethoden miteinander zu vergleichen, werden häufig die entsprechenden ROC-Kurven in einem Bild gezeigt. Die zugehörigen AUC-Werte können zudem mit statistischen Tests miteinander verglichen werden, zum Beispiel mit der Funktion roc.test im Paket pROC.

Ausblick 6

Zum Modellieren von binären Zielgrößen bzw. Wahrscheinlichkeiten haben wir die logistische Regression kennengelernt. Alternative Methoden verwenden andere Linkfunktionen (z. B. basierend auf „probit" oder „complementary log-log"), aber die logistische Regression hat entscheidende Vorteile: Zum einen ist die Interpretation via Odds relativ einfach möglich. Zum anderen ist das Anwendungsspektrum der logistischen Regression sehr breit: Sie kann sowohl auf prospektive und retrospektive Studien als auch auf Querschnittsstudien angewendet werden, während viele alternative Methoden nur auf prospektive Studien angewendet werden können (Wilson and Lorenz 2015).

Die logistische Regression beruht auf mehreren Annahmen. Wenn diese Annahmen nicht erfüllt sind, sind die berechneten Ergebnisse falsch. Leider ist es für die Software in der Regel *nicht* möglich, Verletzungen dieser Annahmen automatisch zu erkennen. Die Überprüfung der Modellannahmen liegt somit in der Verantwortung des Anwenders.

In diesem Kapitel möchten wir diverse Grenzen der logistischen Regression aufzeigen und Hinweise geben, welche Alternativen in solchen Fällen möglich sind.

6.1 Überprüfung der Modellannahmen

Verglichen mit der linearen Regression ist es bei der logistischen Regression anspruchsvoller, die Modellannahmen zu prüfen. Folgende Punkte sollten überprüft werden:

- Linearität auf Skala Log-Odds: Bei (evtl. von Hand) gruppierten Daten können die empirischen Log-Odds pro Gruppe ermittelt und gegen erklärende Variablen aufgetragen werden. Dabei sollte ein linearer Zusammenhang ersichtlich sein.

© Der/die Autor(en) 2021
M. Kalisch und L. Meier, *Logistische Regression,* essentials,
https://doi.org/10.1007/978-3-658-34225-8_6

- Allgemeine Güte des Modells: Mit dem Hosmer-Lemeshow-Test (Hosmer Jr et al. 2013) kann die Modellgüte einer logistischen Regression überprüft werden (z. B. mit der Funktion `hoslem.test` in Paket `ResourceSelection` (Lele et al. 2019)). Allerdings kann dieser Test nur mit vielen Beobachtungen (mehrere hundert) Modellabweichungen zuverlässig detektieren.
- Auffällige Beobachtungen: Mit der Funktion `residuals` lassen sich verschiedene Arten von Residuen (z. b. sogenannte „Devianz-Residuen") der einzelnen Beobachtungen berechnen und vergleichen. Vergleichsweise große Absolutbeträge weisen auf Beobachtungen hin, die vom Modell nicht gut erklärt werden. Es gibt noch weitere Varianten von Residuen.

Ausführliche Informationen zu diesem Thema findet man z. B. in Harrell (2015, Abschn. 10–12).

6.2 Häufige Probleme

6.2.1 Korrelierte Beobachtungen

Im Modell der logistischen Regression nehmen wir an, dass die Beobachtungen unabhängig voneinander sind.

In der Praxis trifft dies bei gruppierten Daten häufig nicht mehr zu. Zum Beispiel könnte es mehrere Beobachtungen innerhalb der gleichen Familie oder innerhalb der gleichen Klinik geben. Ein weiteres Beispiel sind sogenannte longitudinale Daten: Pro Patient werden mehrere Beobachtungen in einem Zeitverlauf gemacht.

Dabei sind sich Beobachtungen innerhalb derselben Gruppe möglicherweise ähnlicher als Beobachtungen aus verschiedenen Gruppen. Infolge der nicht mehr gültigen Unabhängigkeit stimmt dann die vom Modell angenommene Varianz nicht mehr (siehe auch die Bemerkung in Abschn. 3.2 mit der Ankoppelung der Varianz an den Erwartungswert). Die Daten zeigen in diesem Falle typischerweise eine größere Streuung als vom Modell erwartet. Dies wird in der Literatur als **Overdispersion** bezeichnet. Entsprechende Erweiterungen, die eine größere Flexibilität bei der Modellierung der Varianz erlauben, sind in der Funktion `glm` schon implementiert, z. B. mit der Familie `quasibinomial`. Man schwächt damit die Ankoppelung der Varianz an den Erwartungswert ab. Weitere Details zu dieser Methode und der Umsetzung in R findet man in Abschn. 4 von Wilson und Lorenz (2015).

Alternativ gibt es noch zwei weit verbreitete Methoden, mit denen die logistische Regression auf solche Datenstrukturen erweitert werden kann: Die Generalized Linear Mixed Models (Jiang 2007), kurz GLMMs, sind im Paket `lme4` (Bates et al.

2015) implementiert. Die Generalized Estimation Equations (Ziegler 2011), kurz GEE, sind im Paket gee (Carey 2019) implementiert.

Weitere Methoden zum Umgang mit korrelierten binären Beobachtungen findet man in Wilson und Lorenz (2015).

6.2.2 Wenige Beobachtungen

Die in R produzierten Schätzwerte basieren auf der Annahme, dass sehr viele Beobachtungen zur Verfügung stehen („asymptotische Resultate"). Falls die Anzahl der Beobachtungen „zu klein" ist, liegen die Schätzwerte der logistischen Regression systematisch daneben, siehe z. B. Nemes et al. (2009).

Es stellt sich natürlich die Frage, ab wann die Anzahl der Beobachtungen „groß genug" ist. Für diese Frage gibt es leider noch keine einfache und praxistaugliche Antwort. Eine ausführliche Diskussion des Themas findet man in van Smeden et al. (2016).

Falls die Anzahl der Beobachtungen „zu klein" ist, könnte die sogenannte „exakte logistische Regression" verwendet werden. Während die Theorie zu dieser Methode existiert (siehe z. B. Abschn. 8.4 in Hosmer Jr et al. (2013) oder Abschn. 8 in Wilson und Lorenz (2015)), ist eine zuverlässige Implementierung in der Software R zur Zeit nicht verfügbar.

6.2.3 Perfekte Separierung

Sogenannte „perfekte Separierung" tritt dann auf, wenn die beiden Gruppen der Zielgröße perfekt durch eine erklärende Variable (oder einer Linearkombination von mehreren erklärenden Variablen) getrennt werden können. Intuitiv scheint diese Situation sehr erstrebenswert, allerdings führt sie zu technischen Problemen bei der Parameterschätzung. Das Problem äußert sich häufig dadurch, dass manche geschätzte Parameterwerte (betragsmäßig) unendlich groß werden.

Dieses Problem tritt besonders häufig auf, wenn es wenige Beobachtungen gibt oder wenn eine der beiden Gruppen sehr selten ist.

Eine mögliche Lösung ist die logistische Regression nach Firth und wird in Heinze und Schemper (2002) diskutiert. Weitere Verbesserungen dieser Methode (FLIC und FLAC) werden in Puhr et al. (2017) vorgestellt. Alle genannten Methoden sind im Paket logistf (Heinze et al. 2020) implementiert.

6.3   Erweiterungen auf mehr als zwei Klassen

Bei der logistischen Regression besteht die Zielgröße aus einer Faktorvariable mit genau zwei Levels (z. B. Spendebereitschaft „nein" oder „ja").

Es gibt Erweiterungen der logistischen Regression für mehr als zwei Levels. Dabei unterscheidet man, ob die Levels *ungeordnet* (z. B. bei Wahlen „Partei A", „Partei B", „Partei C") oder *geordnet* (z. B. bei Krankheitssymptomen „leicht", „mittel", „schwer") sind. Diese Unterscheidung spielt übrigens bei nur zwei Levels keine Rolle.

Bei mehr als zwei *ungeordneten* Levels kann die multinomiale logistische Regression verwendet werden. Der theoretische Hintergrund wird in Abschn. 5.2 von Fahrmeir et al. (2009) illustriert. In R kann die Funktion `multinom` aus dem Paket `nnet` (Venables und Ripley 2002) verwendet werden. Erweiterungen findet man im Paket `mlogit` (Croissant 2020).

Bei mehr als zwei *geordneten* Levels kann die „proportional odds logistic regression (POLR)" verwendet werden. Mehr Informationen dazu findet man in Abschn. 5.3 von Fahrmeir et al. (2009). In R kann die Funktion `polr` aus dem Paket `MASS` (Venables und Ripley 2002) verwendet werden. Erweiterungen gibt es im Paket `ordinal` (Christensen 2019).

Was Sie aus diesem *Essential* mitnehmen können

- Sie verstehen, wie mit der logistischen Regression eine binäre Zielgröße durch erklärende Variablen modelliert werden kann.
- Sie wissen, wie die Koeffizienten des logistischen Regressionsmodells auf der Skala der Log-Odds, der Odds und der Wahrscheinlichkeit interpretiert werden.
- Sie können das logistische Regressionsmodell mit der Statistiksoftware R an Daten anpassen, damit Vorhersagen machen und für Klassifikationsprobleme einsetzen.

© Der/die Herausgeber bzw. der/die Autor(en) 2021
M. Kalisch und L. Meier, *Logistische Regression,* essentials,
https://doi.org/10.1007/978-3-658-34225-8

Zum Weiterlesen

- Ein anwendungsorientiertes Lehrbuch, das sich gut zum Selbststudium eignet, ist Kleinbaum und Klein (2010).
- Eine umfassende anwendungsorientierte Behandlung des Themas findet man in Hosmer Jr et al. (2013).
- Die logistische Regression fällt in die Klasse der GLMs. In Fahrmeir et al. (2009) findet man eine Einführung der Theorie auf Deutsch sowie viele weitere Möglichkeiten.
- Anwendungsnahe Einführungen in GLMs, inkl. der Verwendung von R, sind unter anderem in Dunn und Smyth (2018), Faraway (2016), Fox und Weisberg (2018) zu finden.

© Der/die Herausgeber bzw. der/die Autor(en) 2021
M. Kalisch und L. Meier, *Logistische Regression,* essentials,
https://doi.org/10.1007/978-3-658-34225-8

Literatur

Bates, D., Mächler, M., Bolker, B., Walker, S.: Fitting Linear Mixed-Effects Models Using lme4. J. Stat. Softw. **67**(1), 1–48 (2015). https://doi.org/10.18637/jss.v067.i01

Carey, V. J.: gee: Generalized Estimation Equation Solver (2019). https://CRAN.R-project.org/package=gee. R package version 4.13-20

Croissant, Y.: Estimation of Random Utility Models in R: The mlogit Package. J. Stat. Softw. **95**(11), 1–41 (2020). https://doi.org/10.18637/jss.v095.i11

Dunn, P. K., Smyth, G. K.: Generalized Linear Models with Examples in R. Springer, New York (2018). ISBN 9781441901170

Fahrmeir, L., Kneib, T., Lang, S.: Regression: Modelle, Methoden und Anwendungen. Statistik und ihre Anwendungen. Springer, Berlin (2009). ISBN 9783642018374

Fahrmeir, L., Heumann, C., Künstler, R., Pigeot, I., Tutz, G.: Statistik: Der Weg zur Datenanalyse. Springer-Lehrbuch, Berlin (2016). ISBN 9783662503720

Faraway, J. J.: Extending the Linear Model with R: Generalized Linear, Mixed Effects and Nonparametric Regression Models. Chapman & Hall/CRC Texts in Statistical Science. CRC Press (2016). ISBN 9780203492284

Fawcett, T.: An introduction to ROC analysis. Pattern Recogn. Lett. **27**(8), 861–874 (2006)

Fox, J., Weisberg, S.: An R Companion to Applied Regression. SAGE Publications, Thousand Oaks, CA (2018). ISBN 9781544336459

Harrell Jr, F. E.: Regression Modeling Strategies: With Applications to Linear Models, Logistic and Ordinal Regression, and Survival Analysis. Springer, Cham (2015). ISBN 9783319194240

Heinze, G., Schemper, M.: A solution to the problem of separation in logistic regression. Stat. Med. **21**(16), 2409–2419 (2002)

Heinze, G., Ploner, M., Jiricka, L.: logistf: Firth's Bias-Reduced Logistic Regression (2020). https://CRAN.R-project.org/package=logistf. R package version 1.24

Hosmer Jr, D.W., Lemeshow, S., Sturdivant, R. X.: Applied Logistic Regression, Bd. 398. Wiley, Hoboken (2013). ISBN 9780471356325

Jiang, J.: Linear and Generalized Linear Mixed Models and Their Applications. Springer Science & Business Media, New York (2007). ISBN 9780387479460

Kleinbaum, D. G., Klein, M.: Logistic Regression: A Self-Learning Text. Statistics for Biology and Health. Springer, New York (2010). ISBN 9781441917423

Lele, S. R., Keim, J. L., Solymos, P.: ResourceSelection: Resource Selection (Probability) Functions for Use-Availability Data (2019). https://CRAN.R-project.org/package=ResourceSelection. R package version 0.3–5

McCullagh, P., Nelder, J. A.: Generalized Linear Models, volume 37. CRC Press (1989). ISBN 9780412317606

Meier, L.: Wahrscheinlichkeitsrechnung und Statistik: Eine Einführung für Verständnis, Intuition und Überblick. Springer, Berlin (2020). ISBN 9783662614877

Nemes, S., Jonasson, J.M., Genell, A., Steineck, G.: Bias in odds ratios by logistic regression modelling and sample size. BMC Med. Res. Methodol. 9(1), 56 (2009)

Puhr, R., Heinze, G., Nold, M., Lusa, L., Geroldinger, A.: Firth's logistic regression with rare events: accurate effect estimates and predictions? Stat. Med. 36(14), 2302–2317 (2017)

Robin, X., Turck, N., Hainard, A., Tiberti, N., Lisacek, F., Sanchez, J.-C., Müller, M.: pROC: an open-source package for R and S+ to analyze and compare ROC curves. BMC Bioinformatics 12, 77 (2011)

Christensen, R.H.B.: ordinal–regression models for ordinal data. R package version 2019.12–10 (2019). https://CRAN.R-project.org/package=ordinal

Sing, T., Sander, O., Beerenwinkel, N., Lengauer, T.: ROCR: visualizing classifier performance in R. Bioinformatics, 21(20), 7881 (2005). http://rocr.bioinf.mpi-sb.mpg.de

van Smeden, M., de Groot, J.A.H., Moons, K.G.M., Collins, G.S., Altman, D.G., Eijkemans, M.J.C., Reitsma, J.B.: No rationale for 1 variable per 10 events criterion for binary logistic regression analysis. BMC Med. Res. Methodol. 16(1), 163 (2016)

Venables, W. N., Ripley, B. D.: Modern Applied Statistics with S., fourth edition. Springer, New York (2002). ISBN 9780387954578. https://www.stats.ox.ac.uk/pub/MASS4/

Wilson, J. R, Lorenz, K. A.: Modeling Binary Correlated Responses using SAS, SPSS and R, Bd. 9. Springer, Cham (2015). ISBN 9783319238043

Wollschläger, D.: R kompakt: Der schnelle Einstieg in die Datenanalyse. Springer, Berlin (2016). ISBN 9783662491027

Ziegler, A.: Generalized Estimating Equations, Bd. 204. Springer Science & Business Media, New York (2011). ISBN 9781461404989

Printed in the United States
by Baker & Taylor Publisher Services